U0396355

疫情下的建筑学思考

健康人居的理论模型与空间影响机制研究

谢宏杰　著

东南大学出版社

·南京·

图书在版编目（CIP）数据

健康人居的理论模型与空间影响机制研究／谢宏杰著.
—南京：东南大学出版社，2021.12
ISBN 978-7-5641-9652-3

Ⅰ. ①健… Ⅱ. ①谢… Ⅲ. ①居住环境 – 研究 Ⅳ.
① X21

中国版本图书馆 CIP 数据核字（2021）第 173263 号

健康人居的理论模型与空间影响机制研究
Jiankang Renju De Lilun Moxing Yu Kongjian Yingxiang Jizhi Yanjiu

著　者：谢宏杰
出版发行：东南大学出版社
地　址：南京市四牌楼 2 号　邮编：210096
网　址：http：//www.seupress.com
经　销：全国各地新华书店
印　刷：南京玉河印刷厂
开　本：787 mm × 1092 mm　1/16
印　张：14.75
字　数：370 千字
版　次：2021 年 12 月第 1 版
印　次：2021 年 12 月第 1 次印刷
书　号：ISBN 978-7-5641-9652-3
定　价：78.00 元

健康是一个包括生理、精神和社会安康的完整状态，不仅仅是消除或缓解疾病。享受到可以达到的最高健康标准是每个人的基本权利之一，不分种族、宗教、政治信仰、经济或社会条件。

——世界卫生组织

Health is a state of complete physical, mental and social well-being and not merely the absence of disease or infirmity. The enjoyment of the highest attainable standard of health is one of the fundamental rights of every human being, without distinction of race, religion, political belief, economic or social condition.

—— World Health Organization

目　录

第1章 导 论

　　健康是人类的第一需求,也是人类社会发展的终极目标之一。人居环境对人类的身心健康和幸福生活虽非决定性因素,但也至关重要。[1]中国古代典籍《黄帝宅经》有言:"夫宅者,乃是阴阳之枢纽,人伦之轨模……故宅者,人之本。"[2]此处的"宅"可解读为人居环境,也就是说健康、安全的人居环境是人们安身立命之本,不可谓不重要。

　　健康的人居环境是国家《国民经济和社会发展第十三个五年规划纲要》中提出的"推进建设健康中国"战略的推手和载体,也是国家《"健康中国2030"规划纲要》提出的具体目标,同样也是建筑科研与工程建造领域重要的研究和发展方向。

1.1　研究背景与问题提出

　　根据联合国人口署的报告,世界人口预计在2050年达到100亿人,其中66%的人口将居住在城市。到2030年,中国的城市化率将达到创纪录的70.6%,对应城市人口为10.3亿人。[3]作为城市公共管理职能一部分的城乡规划,其缘起、演化、发展与公共健康(医学)密不可分。对人类健康的关注是推动城乡规划学科发展的主要动力之一,因而城乡规划也成为防范健康风险的综合治理方案的一部分。[4]

　　20世纪中叶细菌理论兴起后,城乡规划和公共健康渐行渐远。[5]然而,从1970年代开始,随着城市人居环境的改善和科学技术(尤其是医疗技术)的进步,人类健康的主要威胁从传染性疾病转变为慢性非传染性疾病①(NCD,Non-communicable Diseases,以下简称"慢性病"),大量的统计和研究表明:大多数慢性病在空间上存在聚类分布的特征(图1-1)[6],人居环境和城市空间布局对人类健康有很大的影响。但人居环境如何影响人类健康,至今人

---

　　① "慢性病不是特指某种疾病,而是对一组起病时间长,缺乏明确的病因证据,一旦发病即病情迁延不愈的非传染性疾病的概括性总称。常见的慢性病包括冠心病、脑卒中、恶性肿瘤、慢性呼吸系统疾病。"——定义摘自全国高等学校教材《预防医学》第6版,人民卫生出版社,2013。

图 1-1 纽约市糖尿病和肥胖患病率的空间聚集现象（2006）

资料来源：New York City Department of Health and Mental Hygiene, Community Health Survey, 2008

类对其仍知之甚少,人居环境与健康之间的因果关系虽然重要却依然微弱而模糊,需要进一步的研究厘清。

1.1.1 政策背景

1)健康中国战略

健康是关系到国计民生的大事。2015年国家正式将"健康中国"上升为国家战略,2017年10月18日,习近平同志在党的十九大报告中指出:"实施健康中国战略……人民健康是民族昌盛和国家富强的重要标志。"

2016年国务院主导编制的《"健康中国2030"规划纲要》,是关于实施健康城市的纲领性文件。城市空间因素是影响人们健康的四项决定因素之一(其他三项分别为遗传因素、行为和生活方式、医疗水平)(图1-2)。城市空间的改善和品质的提升无疑是提升群众健康,预防和控制疾病发生的关键因素之一,也是影响当前可持续发展、小康社会建设和社会和谐的重要因素之一。

图1-2 影响健康的因素

资料来源:自绘

2)城市发展方针的转变和城乡规划的创新应对

2019年我国城市化率首次达到60.60%(国家统计局,2020),表明我国城市发展已经进入新的发展时期,城市大规模扩张的"高潮"已经过去,今后的城市将从"增量规划"①演变为"存量规划,存量更新将是常态"。[7]城市发展方针也由高速发展、规模扩张转变为扩张与质量并重。2015年习近平总书记在中央城市工作会议上强调坚持以人为本,转变城市发展方式,着力解决城市病等突出问题,不断提升城市环境质量、人民生活质量、城市竞争力,建设和谐宜居、富有活力、各具特色的现代化城市。同时也强调,城乡规划要起到战略引领和刚性控制这两个作用。

修订后的《中华人民共和国城乡规划法》中指出,城乡规划的目标是以促进城乡经济、社会全面协调可持续发展为根本任务,以促进土地科学使用为基础,促进人居环境根本改善。城乡规划兼有公共管理和政策两个方面的属性,是实现城市经济和社会发展的重要手段。不忘初心,牢记使命,将健康的元素融入城乡规划设计中,建设以人为本、绿色、健康、和谐、宜居城市,是每一个城市工作者和研究者的共同使命和奋斗目标。

2019年末至今的新型冠状病毒肺炎疫情,让国家和人民遭受了极大的损失。笔者身处最初的疫情中心——武汉市,面对英勇无畏的医护人员,深深感到从专业角度对城市的规划、建设和管理进行反思,吸取疫情带来的教训,探索面向全面小康的健康、安全和可持续的人居环境,是规划、建筑学从业者义不容辞的责任。

1.1.2 现实背景

1)人类疾病谱系的改变

人类早期遭遇的传染性疾病威胁是导致人类死亡的主要因素。1918年的"西班牙大流感"夺走了全世界约4 000万人的性命(图1-3),直到20世纪50、60年代,天花、霍乱等烈性传染病仍然高居人类死因第二位。以细菌理论和青霉素的发明(1928年)为标志,传染病已经不再是人类健康的威胁。然而,人口激增、快速城市化、全球气候变化的影响以及小汽车普及带来的久坐(Sedentary)、少动(Inactivity)等不良生活方式,再次给人类带来了巨大的全球性健康挑战。人类的疾病谱系从传染病变为慢性病,慢性病成为当今世界人类面临的最大健康风险(图1-4)。

根据《2018世界卫生统计报告》的统计,估计全球每年有4 100万人死于慢性病,占总死亡人数的71%,而缺乏身体活动导致的年均死亡人数是320万人。主要的慢性病由四大疾病所致:心脑血管疾病(占44.6%)、癌症(27.8%)、慢性呼吸系统疾病(9.5%)、糖尿病(3.9%)。[8]

---

① 规划学者邹兵在2012中国城乡规划年会专题论坛上提出了"增量规划"与"存量规划"的概念。增量规划是以新增建设用地为对象、基于空间扩张为主的规划,而存量规划是通过城市更新等手段促进建成区功能优化调整的规划。增量规划利益关系相对简单,处理起来相对简单;存量规划,土地权属关系复杂,需要兼顾各方利益。

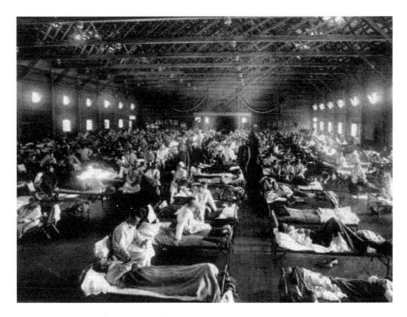

图 1-3 死亡人数超过"一战"的西班牙大流感（1918）

资料来源：百度百科

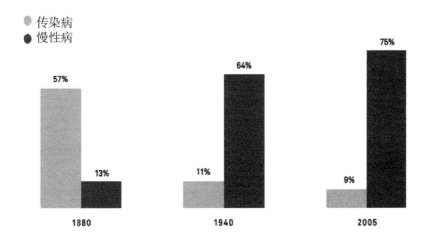

图 1-4 纽约市慢性病与传染病发病率对比（1880—2005）

资料来源：The City of New York Summary of Vital Statistics, 2005

    快速上升的慢性病患病率，加上气候变化对人类健康和社会的影响，导致个人和社会的经济负担不断升级，这将对人类健康和自然环境产生巨大的危害，可能会破坏全球社会经济的发展和安全。预计从现在起至2030年，整个世界范围内，大约需要58万亿美元来升级、维护和开发城市基础设施，以满足人口不断增长的需求和21世纪全球面临的挑战(图1-5)。

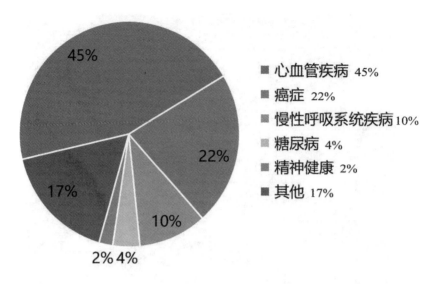

图1-5　全球各类慢性非传染性疾病死亡率（2017）

资料来源：根据《世界卫生统计年鉴2017》自绘

随着社会的发展和医疗水平的进步、卫生条件的改善，1990年代以来我国也出现了类似的疾病谱系转换，慢性病已取代传染病成为影响我国居民健康的主要问题和主要的疾病负担。《全球疾病负担研究报告（2013）》显示，心脑血管疾病、癌症、慢性呼吸系统疾病、糖尿病等慢性病占中国人死因前4位[9]，2011年我国慢性病负担占国家疾病总负担的比重达68.6%[10]。根据世界银行2011年公布的《走向健康和谐的中国——阻止慢性病的上升趋势》报告显示：中国主要慢性病（心脑血管疾病、中风和糖尿病）死亡率高于二十国集团（G20）的其它主要成员国（图1-6），中国的伤残调整寿命年（DALY）①为66岁，比发达国家少10年，慢性病同时给国家造成约5 500亿美元的经济损失（2005—2015）。如果能够将慢性病死亡率每年都降低1%，就可以产生巨大的经济效益，相当于2010年中国国民生产总值GDP的68%。[11]

随着城市化、老龄化进程加快，以心脑血管疾病、癌症、糖尿病等为代表的慢性病（NCDs）患病率呈快速增长的趋势。根据中国居民营养与慢性病报告统计，慢性病导致的死亡人数占总死亡人数的85%，因慢性病导致的疾病负担占总数的70%。[12]慢性病病程长、预后差、疾病负担重，已经成为我国城市居民的主要健康威胁。《中国健康管理与健康产业发展报告》指出，2018年我国慢性病发病人数达到3 000万人左右。我国城市慢性病死亡占比高达85.3%，农村也不低，达79.5%。慢性病并不是老年病，慢性病负担在65岁以下青壮年

---

① 伤残调整寿命年（Disability Adjusted Life Year, DALY）是一个定量计算因各种疾病造成的早死与残疾对健康寿命年损失的综合指标。伤残调整寿命年是指从发病到死亡所损失的全部健康寿命年，包括因早死所致的寿命损失年和伤残所致的健康寿命损失年两部分。DALY是生命数量和生命质量以时间为单位的综合度量。

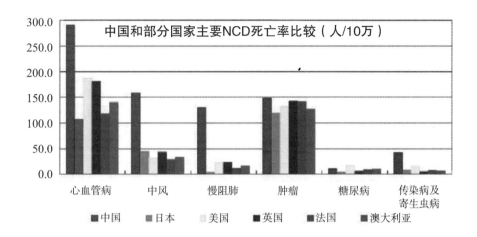

图 1-6　中国和部分国家主要慢性病死亡率比较（世界银行数据）

资料来源：WorldBank. Toward a Healthy and Harmonious Life in China: Stemming the Rising Tide of Non-Communicable Diseases

人群中占 50%。

营造健康的人居环境以及研究人居环境与健康之间的关系，是全世界发展中国家和发达国家的城乡规划工作者共同面临的挑战。西方城市历史上多次出现过的城市美化运动，例如花园城市和巴黎改建，以及我国进行的大规模"城中村"改造和再开发某种程度上都是由公共健康问题驱动的。[13-14]尽管一些发展中国家的城市环境质量取得了迅速提高，但世界贫民窟人口仍在增加。贫民窟人口数量从 1990 年的 7.5 亿人增加到 2014 年的 10 亿人，曾预计到 2020 年将进一步增加到 14 亿。[15]伴随城市和经济的快速发展，无处不在的贫民窟和非正式定居问题成为城市公共健康的重点关注对象，发展中国家通常也将卫生和健康列为城乡规划的基本目标。

从西方的城市规划界来看，健康人居的研究至今仍不是规划界的主流，尤其是在实证研究上。值得庆幸的是，这一点正开始得到纠正。

2）城市空间的健康风险

人类聚居于城市空间，高密度的城市环境和现代生活方式每时每刻都在产生健康风险。传染病虽然很大程度上被控制，但病原也在适应和变异，某些情况下仍然存在爆发大规模传染病的可能，例如 2003 年的非典型肺炎和 2019 年末暴发的新型冠状病毒肺炎疫情。另外，大量的研究表明，慢性病（肥胖、心脑血管疾病、哮喘和肺癌等）并非仅仅受到遗传生理和生活方式等因素的影响，还与城市土地利用、开发密度、交通系统、城市规划等城市空间因素直接相关[16]；《自然》2015 年发表的一篇文章也认为，大部分的癌症来源于外部风险因素，仅 10%～30% 是由遗传因素或者基因的突变造成的。[17]由此可知，城市空间对人体健康可能会产生不利影响,进而导致某些"城市空间健康风险"。

城市空间导致的健康风险可以分为非空间健康风险和空间健康风险,前者不是城市空间直接引发,例如土壤或水源污染导致的健康风险,这些非空间健康风险不在本书研究范围之内;后者是由城市空间直接引发的健康风险,包括城市空间产生病原、城市空间导致的压力和城市空间对生活方式的改变,例如依赖机动车出行、久坐不动等现代城市生活方式,导致超重和肥胖并诱发多种致死疾病,是本书研究的主要对象(图1-7)。

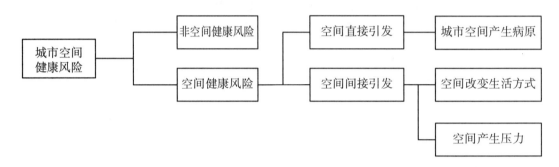

图1-7 城市空间的健康风险

资料来源:自绘

此外,非空间健康风险还包括近年来引起极大关注的雾霾和大气污染,大气污染虽然不是由城市空间直接引发,却与城市空间密切相关:城市土地使用方式、工业布局和交通规划都会极大影响大气污染物的分布和浓度。这些可以通过改变用地布局、改善交通等规划方式加以改善,可以将其归为"城市空间产生病原"这一致病机制,因此将其纳入本书的研究范围。

李煜在其论文《城市"易致病"空间若干理论研究》中曾提出"空间相关疾病"概念[18],笔者认为,"空间相关疾病"局限于"城市空间"和"疾病"的关系,但人居环境不仅仅是空间环境,还包括自然环境以及与健康密切相关的社会环境(社会、经济、文化),"空间"一词并未涵盖;"疾病"的概念范围也过窄,未涵盖病态建筑综合征①、慢性不适等并未出现症状的"亚健康"②状态,与国家倡导的疾病防治关口前移,从"治已病到防未病"健康战略导向的要求还有一定距离。因此,本研究在前人研究基础上另辟蹊径,提出"健康人居"概念作为城市空间与人类健康关系的框架基石,后文详述(见1.2.2节)。

---

① 病态建筑综合征(Sick Building Syndrome),是指长期处于建筑或其他密闭空间引起的头晕、流涕、咽喉发炎等不良反应,具体原因不明,但普遍认为室内空气质量差是主要因素之一。

② 亚健康状态指的是现代医学检查无器质性的疾病,但患者自我感觉不适、疲劳乏力、活力降低、适应力下降,情绪不稳。这些都不能严格归属于某种疾病,据统计,中国符合WHO健康定义的人群只占总人口数的15%,同时,有15%的人处在疾病状态中,剩下70%的人处在"亚健康"状态。

3）居民对生活品质和身心健康的要求提升

进入21世纪,中国经济飞速发展,成为世界第二大经济体,居民收入不断增长,温饱问题已经解决,人均期望寿命达到76.34岁,中国人的需求层次整体上从生理需要正在向安全需要过渡。中国已进入高人类发展水平国家(人类发展指数＞0.8),但卫生投入方面仍有较大的差距(表1-1)。据估计到2025年,中国城市将全面进入中产阶级社会。城市中产阶级(可支配年收入10.6万元以上)将增加为2012年的4.5倍,成为城市居民主体。这个人类史上最大规模的中产阶级未来的消费需求、政治诉求是中国经济发展和社会变化的内在动力,也是未来城乡规划服务的主体对象(图1-8)。[19]

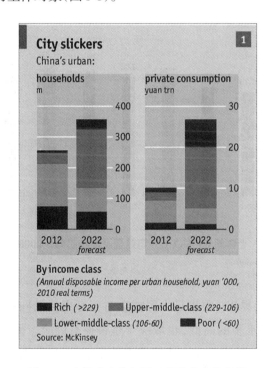

图 1-8　中国家庭收入及消费结构变化趋势

资料来源：麦肯锡研究报告2018

表 1-1　部分国家人均医疗支出和人均期望寿命（2012）

国家	收入分类	人均卫生支出（美元）	人均期望寿命
挪威	高收入	9 055	81
美国	高收入	8 895	79
中国	中高等收入	323	75
乌克兰	中低等收入	293	71
肯尼亚	低收入	45	61

资料来源：世界银行公开资料

同时中国人口的老龄化程度正在加速加深。2017年,全国人口中60周岁及以上人口

24 090万人，占总人口的17.3%，其中65周岁及以上人口15 831万人，占总人口的11.4%（图1-9）。人口进入老龄化之后，健康成为中国人的优先选择，成为普通市民谈论最多、最关心的话题，可以说健康已经成为中国人的第一追求，由此产生的健康需求是社会人群最普遍、最不可替代的刚性需求。

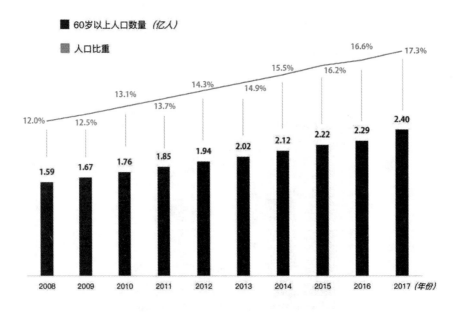

图1-9　十年间60岁以上人口数量及增加趋势（2008-2017）

数据来源：国家统计局

党的十九大报告明确提出"要满足人民群众对美好生活的向往"。居民的幸福感不仅仅取决于收入水平、物价水平的高低，也取决于是否拥有健康。据统计2017年国内参加马拉松比赛总人次近500万，微信运动在线锻炼人数高达1.2亿，国内参与滑雪的总人次突破千万，这些数据折射出百姓越来越多的健康需求。

1.1.3　理论背景

1）城乡规划学科对公共健康的重新关注

现代城乡规划学科的诞生与健康人居密不可分。城乡规划学科的开端一般认为是1848年英国颁布的世界上第一部《公共健康法》，该法案试图通过控制街道宽度、建筑高度和空间布局来改善城市环境与公共健康状况。[20]1916年美国制定的第一个城市区划条例（Zonging law），其初衷也是为了保障公众健康、安全和福利。[21]对传染病的恐惧推动了针对城市环境的改善，诞生了城市给水排水系统、城市公园，以及一系列的法规，这些催生了现代城乡规划学。但在解决了最初的传染病流行和基本的卫生问题之后，公共健康不再关注城市,转向基于实验的医学科学来保障人类健康。

20世纪70年代起,卫生从业人员和研究者发现,健康除了与生理遗传、免疫力相关,也与人居环境、生活方式和社会因素密不可分,比较而言甚至更为关键,健康问题只由卫生部门负责是非常偏颇和局限的观点。[22]城市规划与公共健康经过几十年的疏离之后重新走到一起,共同促进城市环境的健康发展。

1986年在世卫组织的推动下,"健康城市"运动从欧洲开始到今天逐渐遍布全球,"健康人居研究"已成为国际城乡规划学界的一个前沿领域,相关研究层出不穷。著名的医学杂志《柳叶刀》2016年推出一个专辑,重点讨论城市交通和城市设计对人群健康的影响,主要内容是城乡规划和交通如何通过改变人们的出行和生活方式,进而影响人类健康。[23-25]

我国的情况略有不同,基于卫生目标的健康城市工作在实践层面早已展开,相关的研究虽未成为研究热点,但也在有条不紊地开展中。面对慢性病肆虐和人口老龄化带来的巨大健康压力和挑战,城乡规划学术理论界已经做了一些相关研究,提出了一定的对策,但据笔者的统计和分析,大部分研究来自创建卫生城市和城市管理工作需要。城乡规划学术领域的研究起步较晚,缺乏对人居环境的复合健康效应全面而深入的考量,数量和内容也较为有限,尤其是实证研究较为匮乏。理论界和设计界缺乏理论研究的耐心,也缺乏跨专业合作的意识和经验。

但这种情况正在加速改善,人们已经认识到健康、安全的人居环境是保障人们安居乐业的重要前提,健康人居和城乡规划的研究已经从最开始的寥寥无几,到如今渐入佳境,各类研究层出不穷。

2）城乡规划从经验走向科学的转型

（1）从经验判断走向科学分析

长久以来,我国的城乡规划游走于建筑学和管理学的边缘地带,经验代替研究、感性代替理性的现象非常突出,规划设计缺乏客观理性的分析手段与严谨的设计程序,主要依赖设计者自身的修养,科学性非常脆弱。同济大学建筑与城乡规划学院孙施文教授曾经尖锐地指出,中国的城乡规划缺少理性思维和科学精神,本质上还没有进入现代化的进程。[26]规划设计成果必然成为无源之水、无本之木,社会上曾流传"规划规划,就是鬼话;图上画画、墙上挂挂"的俚语,虽然难听,却切中时弊,指出了城乡规划与社会问题脱节,解决不了现实的问题,反而助长了形式主义。例如规划设计大量依赖以往积累的经验和设计手法进行;规划实践缺乏对空间和使用者的尊重,导致精神的缺失和内容的缺乏;设计成果难以指导实际工作。

我国正处于从城市扩张的增量规划向城市平稳发展的存量规划过渡的时期,城乡规划领域正经历着由传统的基于审美和经验主义的感性方法,向基于定量分析、智能化技术支撑的理性方法转变。

（2）空间分析方法应用于健康人居的分析

健康人居的研究之前很少使用空间分析[①]方法。空间
分析的经典案例是1854年约翰·斯诺（John Snow）医生根
据自己绘制的伦敦霍乱传播地图（图1-10，图1-11），确定
霍乱病菌的传染源头是位于伦敦宽街（Broad Street）的一
个饮用水泵而非人们通常认为的空气传播，由此霍乱最终
被控制，斯诺也被认为是流行病学之父。从此，人们开始
利用空间分析和统计学方法进行疾病的控制与预防，建立
并不断完善公共健康体系，用科学的手段去阻止流行病的
大规模爆发。[27]

图 1-10　流行病学之父 John Snow

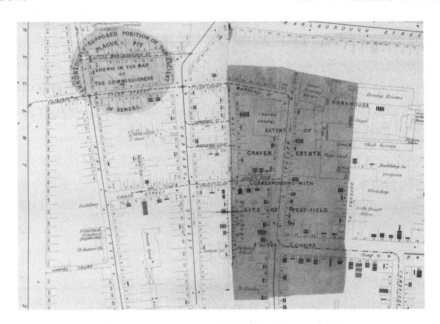

图 1-11　John Snow 制作的伦敦霍乱传播地图（1854）

资料来源：http://wellcomecollection.org/works/dx4prdbj

虽然慢性病的原因和机制相对复杂，但其流行特征与传染病有一个共同点——人群分
布具有明显的空间和地理特征，因而同样也可以利用空间分析技术来描述慢性病集聚的地
理特征、分布格局、空间聚集性以及慢性病与人口密度、土地利用、宜步性等城市空间因素
间的相关性，揭示慢性病的流行规律和空间分布特征，为从规划和城市设计角度的干预和防
治提供参考依据。[28-29]

──────────

① 空间分析（Spatial Data Analysis）：对基于空间的数据和空间模型采用计算机技术挖掘空间目标的潜在
信息，对事物或现象的空间分布格局进行描述与可视化，发现空间集聚和空间异常，揭示研究对象之间的空
间相互作用机制。

（3）大数据给健康城市研究带来新机遇

城市科学的发展经历了从定性描述到定量分析的过程,尤其是随着信息通信技术和数据处理技术的飞速进步,手机信令、公交刷卡、出租车运行轨迹数据等可移动数据源产生的多源角度和海量的数据为健康城市的研究提供了新的方法、技术和大量的研究素材[30],带来了新的研究机遇。例如手机信令、公交刷卡数据以及可穿戴式传感器、无人机图样采集、眼动追踪技术①的应用,能记录和分析数据背后真实的人群日常行为活动的丰富信息(图1-12)。

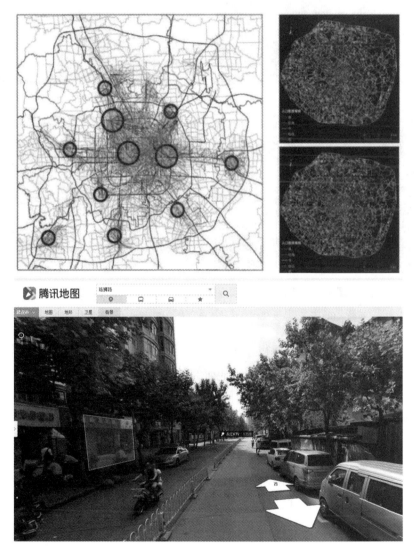

图 1-12　城市研究中可用的数据来源

上:基于手机信令数据的城市中心识别　下:基于腾讯地图的远程现状调研

---

① 眼动追踪技术(Eyelink)是通过仪器设备在图像处理过程中,定位瞳孔位置,计算眼睛注视或者凝视的点,测量眼睛运行的过程。眼动追踪已经成为心理学研究的一种实验方法。

之前难以进行量化分析的问题,例如人对环境的感知、体验以及情感、思想等等,利用新数据技术都可以进行有效的表达和数理分析。例如基于街景等图片资料,利用生物传感器、眼动追踪仪对人体生理反应进行监测,可作为城市和街道设计品质的表征(图1-13)。

人工打分结果 眼动仪观察热力图

图1-13 街道空间品质评测实验(清华大学建筑学院)

资料来源:龙瀛.城乡规划与设计调研的新数据、新方法与新技术.2020

大数据为健康人居研究领域提供了丰富的、详细的、实时的信息,为城市科学研究提供了新范式转型的机遇——更加全面、精细地研究健康人居问题,从微观(建筑、室内)、中观(社区、邻里)到宏观(城乡规划、地景)尺度,从静态分析到动态展现,从理论推演到实证分析,从单一研究假设到复杂理论与模型。

1.2 研究问题界定

在这里先明确与本研究密切相关的几个基本概念。

1.2.1 健康

英语中的健康"Health"一词来自古英语"健壮(Hale)"和"壮实(Hearty)"。同义词还有

"Vigor""Fitness"等,相关研究文献中也常常使用"well-being"来指代健康。

汉语中的"健"字,在甲骨文的字形类似于一个大汉拉着像山一样高的犁耙在田里劳作,《说文解字》解释:"健,伉也。从人,建声。"古代典籍《易经·乾卦》有云,"天行健,君子以自强不息",意思是刚强、健壮。"康",古代通"糠",其本意是"风中扬糠,优选白米",引申为富饶、衣食无忧。《尔雅·释诂上》释义"康,乐也"。(图1-14)

图1-14 "健"与"康"的古文字体(左:甲骨文"健",右:"康"金文)

资料来源:网络

最开始人们认为"机体处于正常运作状态,没有疾病"即健康(辞海1965年版)。然而,人除了生理属性之外,还有社会属性。现代的健康理念至少包括三个方面的内涵,即身体健康、心理健康和社会健康。这三者处于完美状态,从个体层面上升到生命质量高度,才能称得上健康。

1943年美国心理学家A. Maslow提出了需求层次理论[31],将人的需求由低向高依次分为生理需求、安全需求、社交需求、尊重和自我实现。世界卫生组织在此基础上提出了健康需求层次金字塔,从低到高分别是生理健康、心理健康、具备健康意识、社会关怀、预防疾病,金字塔的最高层级是"well-being"(图1-15)。"well-being"一般翻译为"福祉",联合国人居署认为"福祉"除了身心健康、满足基本物质需求之外,良好的社会关系以及个人的自由都应该包括在其中。[32]"being"是"存在",也即人生活的状态,"well-being"不仅仅指身心健康,还指身体、精神和社会关系上的完全良好状态。汉语中的"福祉",很难表达"well-being"那种持续的、自洽的并且自得的生存状态。

1948年世界卫生组织在其成立宪章中这样定义:"健康:乃是一种完全的身体、精神和社会健康状态,而不仅仅是没有疾病或虚弱。"[33]这一定义是迄今为止最为大众所熟知的,强调健康是一个多维的概念,超越了没有疾病这个简单的概念。健康除了生理上的没有疾病,健康的行为和社会组成部分——精神、认知、情感和社会功能也同样重要。

根据WHO的定义,健康的三个维度是生理、心理、社会(图1-16)。生理健康可以用是否患有传染性、慢性和危及生命的疾病来衡量;精神健康可以根据是否患有抑郁、焦虑和认

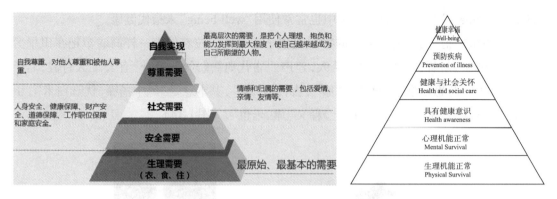

图1-15 马斯洛的需求层级理论（左）和WHO健康金字塔模型（右）

资料来源：WHO，City planning for health and sustainable development

知障碍等常见精神疾病来衡量；社会健康本质上取决于个人享有的社会资源和认可度，个人的行为和内在能适应社会环境变化和实现社会角色，能与他人保持良好的人际关系。

　　生理健康的影响因子包括环境致病因素如细菌、病毒等，环境污染能引起躯体疾病，遗传因素能引起遗传疾病；心理健康的影响因子例如紧张的工作、生活造成心理压力，长期的精神紧张可以导致高血压、中风、慢性溃疡等慢性病；社会健康的影响因子包括经济收入、教育程度、就业和居住条件、家庭关系等等。

　　世卫组织指出，影响健康的四个主要因素是行为生活方式因素（60%）、环境因素（17%）、遗传及生理因素（15%）、医疗卫生服务因素（8%）（图1-17）。可以看出，除了无法改

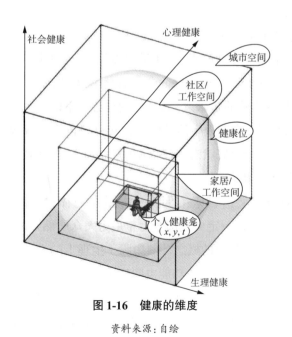

图1-16 健康的维度

资料来源：自绘

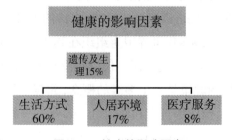

图1-17 健康的影响因素

资料来源：参照世卫组织报告自绘

变的遗传因素之外,生活方式因素是影响健康的主要因素,人居环境是第二重要的因素。不良的行为生活方式如吸烟、酗酒、熬夜、不合理饮食、缺乏锻炼等对健康的危害极大。

1.2.2 健康人居

人居是人类聚居的简略说法,人是群居性的动物,聚居(Settlement)是人类生活的基本形态,《汉书·沟洫志》中曾提到,"稍筑室宅,遂成聚落",《史记·五帝本纪》中提到,"一年而所居成聚"。吴良镛先生在《人居环境科学的探索》一文中认为人居就是人类的居住环境:"人居是人类在大自然中赖以生存的基地。"[34]笔者认为,可以从"行为"和"场所"两个方面来理解人居的内涵,一个是人居行为——维持人正常生活、满足人的生理和精神需要的行为,另一个是人居场所——人们居住生活、工作劳动、游憩玩乐和社会交往的空间和场所①。相应的,健康人居包括"健康的生活方式"和"健康的人居环境"两项内容。

健康人居离不开人居环境,"人居环境"(Habitat)从词源来看来自生态学中的"生境"一词,"生境"又称"栖息地",是物种赖以生存的包括食物、温度、气候等在内的各种生存条件和生态环境。健康人居强调的是人类聚居的空间环境和聚居的居住形式。德国哲学家海德格尔曾经引用了18世纪诗人荷尔德林的诗句,描述了人"诗意地栖居在大地上"的情景[35]:

> 人生如果仅仅只是辛劳
> 人们就会仰天而问:
> 是索求太多以至难以生存?
> ……人,充满劳绩
> 但还诗意地安居于这块大地之上
> 我真想证明
> 就连璀璨的星空
> 也不比人纯洁
> ……
> 安居是凡人在大地上的存在方式
>
> 摘自海德格尔《诗·语言·思》

从每个家庭的居所、每天工作的办公室、穿梭往来的大都市,再到冒着袅袅炊烟、充满泥土气息的村庄,人居环境的每一寸空间都与身心健康息息相关。

---

① 1933年8月,国际现代建筑协会(CIAM)通过了城乡规划理论和方法的纲领性文件——《城乡规划大纲》,后来被称作《雅典宪章》。"大纲"提出了城市功能分区和以人为本的思想,认为居住、工作、游憩与交通是城市的四大功能。

笔者定义的"健康人居"是健康的人居环境的简称,广义来说可以是全球生态系统,狭义来讲包括两个方面,即包括与人类关系最密切的城市空间环境(建成环境)、自然环境和社会环境,也包括健康的生活方式(图1-18)。本研究取其狭义,并聚焦于城市空间,即健康的城市空间环境。

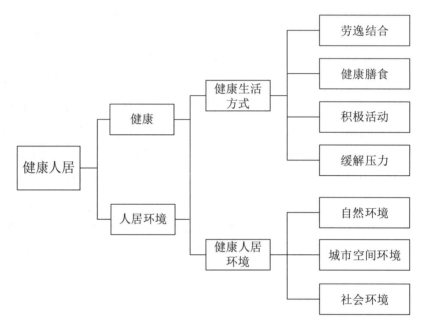

图1-18　健康人居释义

资料来源:自绘

进一步分析,健康人居的出发点是"人的健康","人"是健康人居的核心和研究的原点,健康指的是人的生理健康、心理健康以及社会健康。与人们健康关系极大的是健康的生活方式。"居"有两方面的含义,一方面是泛指人类的聚居行为和生活方式,如生活居住、劳动工作、休息游乐和社会交往;另一方面则是指人居环境,即人类聚居的场所,包括乡村、城镇、城市等各种尺度的空间。"健康"则有三个方面的含义,一方面可以理解为健康本身,另一方面可以理解为"健康的",一种形容词,作为人居环境的修饰语;也可以作为动词,意为"促进健康"。这样,"健康人居"也可以理解为促进(人的)健康的城市空间和自然环境(图1-19)。

健康人居的研究核心是人居环境,按吴良镛先生在《人居环境科学导论》中阐述的观点,人居环境科学是一个开放的学科群,核心学科是建筑学、城乡规划和园林景观学(详见第2.2.2节图2-20)。

如果从人居健康的核心学科——建筑学、城乡规划和大地景观上来考察人居环境因素,可以把建筑/家居、社区/邻里以及城市/区域分别对应到微观、中观、宏观三个层面,然后细分不同尺度的健康人居子系统。也许这样的分类不尽合理,但笔者并非追求面面俱到、准确精到的定义,只是为了梳理稍显混沌的健康人居的概念,为研究打下基础。"健康人居"是一个大的系统,可以分为三个不同层面、不同尺度的子系统(图1-20)。

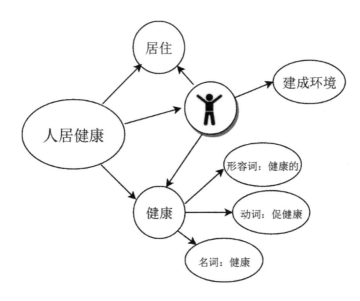

图1-19 健康人居词义阐释

资料来源:自绘

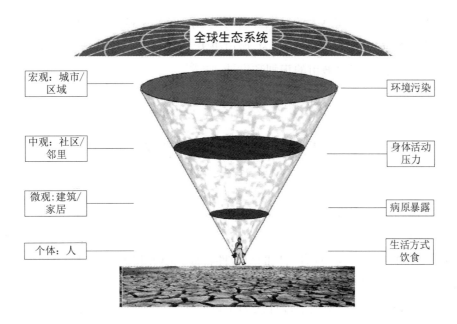

图1-20 多层次健康人居系统

资料来源:自绘

第一个层次是微观层面,个体的人是由细胞和组织构成的生命有机体,年龄、性别、遗传因素、免疫力等人口特征是很难通过外力改变的健康因素,这一层面上能够优化和改善的健康因素是人的生活方式和习惯以及建筑家居环境。

第二个层次是中观层面的家庭—邻里—社区因素,是城乡规划学科介入健康人居的主要连接点,包括地块规划、建筑类型和性能、居住密度、健康食品等。

第三个层次是宏观层面的城市和区域因素,包括土地利用、绿地景观、密度、公共设施、道路交通等。

1.2.3　研究问题界定

需要说明的是,大多数人类的健康问题并非由城市空间直接引起的,因此本研究提出的"健康人居"概念聚焦于引发健康风险的"城市空间",与公共健康领域的研究有着明确的边界。本书的研究领域是健康城市空间规划的内容,关注的是城市生活方式引发慢性病的健康风险(图1-7)。城市空间导致传染病的机制更多属于医学范畴,本研究不拟作重点研究。

众所周知,健康的决定性因素并非城市空间,但城市空间能够很大程度上影响健康人居,这一点已经被诸多研究所证实。[36-37,39]人居(人类聚落)可被看作是复杂的生态系统,在人类聚落中,健康的决定因素涉及物质环境系统——自然环境和建成环境、非物质环境(社会、经济、政治、制度及文化)和个体特征等多维度、多层次的系统要素。从这一角度看,人居环境和健康系统的复杂性是研究健康人居的空间因素及构建健康人居理论框架所面临的主要挑战。

尽管健康人居研究存在巨大的复杂性,因果关系、证据基础薄弱且面临一系列挑战,但M. Grant等人和Y. Rydin等人的研究认为,城市决策者和建筑专业人士不应拒绝采用可获得的最佳研究证据来进行健康城市的规划和设计。[38,40]

1.3　相关研究综述

城乡规划本身是一个极其重视实践的专业,城乡规划学是一个多义和广博的学科,其学术边界并不清晰,涉及工程技术、社会学、经济学、地理学等多方面的内容,甚至涉及政府的治理能力和个人的社会行为,具有明显的综合性特征。澳大利亚学者Evelyne de L在《健康城市的证据:对实践,方法和理论的反思》中甚至认为,并不存在一个"健康城市理论",因为多年来,健康城市更多是采用了以社区为单位的实际行动来促进健康的城市环境,例如WHO在欧洲开展的健康城市运动。[41]

中国学者邹兵认为:"规划学科最重要的特征在于其实践性和综合性……城乡规划学

科从实践中产生并服务于实践,对城市发展中实际问题的解释和解决,就构成了规划学科存在的意义和价值基础。"[42]

健康人居的理论和实践一直都在共同成长,相辅相成,并不存在一个独立的"健康人居理论"。理论也是在健康城市的实践中获得发展和认可,不可以偏废一方。相应地,本节研究理论综述分为健康人居的理论与实践、健康人居的空间机制两个方面。

1.3.1　健康人居理论与实践

1）国外健康人居理论

英国伦敦大学学院(UCL)H. Pineo 等在2018年发表的审读8 999篇关于健康人居指标的系统综述中表明:有关健康人居的研究在1972—2016年间绝对数量一直在增加,相关研究增长率的最高峰(200%)在1992—1996年,之后十年文献增长率下降到50%以下(46.8%~56.7%),但最近十年间下降趋势逐渐减缓(图1-21)。说明健康人居领域的研究高峰在20世纪90年代,之后逐渐下降,直到最近十年间该领域又重获研究者青睐。

最近几年健康人居研究最为丰富的是身体活动促进健康研究,美国学者Harris J K 等人对1986—2013年间的2 764篇建成环境与身体活动相关文献进行荟萃分析,认为该领域在过去30年间的研究虽有建树,学者Ewing、Brownson、Sallis、Giles-Corti、Frank 等人处于核心研究者的地位,但整个研究领域尚未建立核心理论,仍然处于探索的阶段。[43]国内学者李孟飞、孙斌栋、刘伟等人的研究也得出了类似的结论。[44-46]

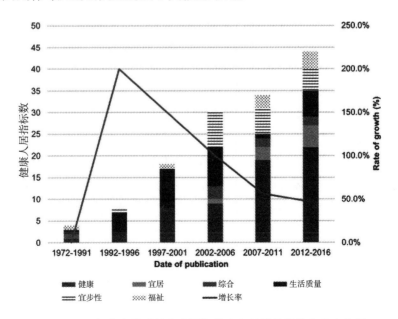

图 1-21　近年发表的"健康人居"英文文献增长趋势和研究主题

资料来源:H.Pineo. Urban Health Indicator Tools of the Physical Environment. A Systematic Review.2018

笔者梳理后发现,国外的健康城市理论研究大致可以分为四个方面:

(1)健康城市规划的研究框架及理论建构

世卫组织发表了一系列针对健康城市研究框架的指导性文件,代表性的有 L. Duhl 发表的《健康城市——它的功能和未来》[47],阐述了 WHO 的健康城市项目,梳理了亟待解决的关键问题,重点分析了规划师在健康城市项目中的地位和作用。[48] Hugh Barton 等学者编撰的《城乡规划和健康:以人为本的城乡规划指南》,重点阐述了"健康城市"的定义、理论基础、目标及实施原则。[49] 2003 年《健康城市实践:欧洲经验》发表,介绍了意大利米兰等六个欧洲城市的健康城市项目进展。[50] 其他还有 J. Corburn 回顾了城乡规划与公共健康的历史,分析了不同国家城镇化进程对公共健康的影响,提出了城乡规划与公共健康的再结合[51-52];美国哥伦比亚大学 Northridge、Sclar 等人提出了健康城市研究理论研究框架[53]。

(2)身体活动与健康人居

还有一批学者基于微观尺度,通过大量实证分析,研究城市空间与身体活动多少的关系,进而分析对公共健康的影响。Frank 等人的研究都发现紧凑和混合的土地利用模式有利于促进居民的身体活动,提升公共健康。[54] 下文第 2.2.2 节详述。

(3)健康膳食与健康人居

一般认为,慢性病与高能量饮食的摄入有关,学者们认为超市、快餐店的可达性影响居民对于食物的选择,最终对居民健康产生影响。不健康的饮食习惯是慢性疾病产生的重要因素之一。[55] 下文第 2.2.2 节详述。

(4)恢复性环境与压力纾解理论

"恢复性环境"由美国密歇根大学史蒂芬·卡普兰和雷切尔·卡普兰夫妇提出,偏重于人的心理健康。1983 年他们发现野外生活对多数人都具有恢复性功能,恢复性环境是指能使人们更好地从精神疲劳以及和压力相伴随的消极情绪中恢复过来的环境。无独有偶,1991 年,罗杰·乌尔里希正式提出了压力纾解理论,他认为当人们面临城市污染、噪声等情境时机体会产生压力,这种压力会导致人的生理系统产生应激反应,进而损害身体健康,但当人们处于优美的自然环境中,则可以使压力舒缓恢复健康,并由此提出了"康复花园"(Healing Garden)的景观康复疗法。下文第 2.2.2 节详述该理论。

另外,关于建筑空间导致心理疾病的问题也有学者展开了相关研究,例如美国学者戴维·哈尔彭出版的《心理健康与建成环境:不仅仅是砖头和水泥砂浆》一书。[56]

2)国内健康人居理论

20 世纪 50 年代,希腊学者道萨迪亚斯(C.Doxiadis,1913—1975)创立了开放的人类聚居学学科系统,近十多年来,国内外学者进行了大量的工作,成立了许多学术研究机构,诸多学者可以参与其中就某一方面展开研究,人居研究并没有明确的学科范围,也因此缺乏明确的学术研究规范和序列。[57] 不可否认的是,尽管推动实施的难度较大,但人居环境科学的发展已经受到了世界各国的普遍重视。[58]

国内的健康人居研究紧跟国际研究的热点,近年来也取得了不少研究成果。国家住宅与居住环境工程技术研究中心自2004年起每两年主办一届"健康住宅理论与实践国际论坛",2018年改名为"健康人居理论与实践国际论坛"。2018年11月联合国人居署和武汉市人民政府联合主办的"健康人居环境国际研讨会"在华中科技大学举行。

总的来看,健康人居这一提法是建立在人居环境科学和健康城市理论基础上的,"健康人居"这一概念虽经常见诸报刊,但笔者发现至今并没有明确的定义,也缺乏相关的研究。为厘清理论发展脉络,笔者尝试在CNKI中国知网数据库以"健康人居"为关键词检索,共检索到英文文献15篇,中文论文18篇,年均发文2篇不到,而且研究主题相当分散,与本研究主题基本一致的论文0篇,相关主题(人员健康、住宅设计、健康的居住及工作条件)的论文也仅有10篇。因此,可以说健康人居研究尚处于开始阶段(图1-22),而与之相近的研究主题健康城市研究最近十年来却是做得有声有色。

健康城市研究从范围上讲,是健康研究中关于城市环境的一部分。笔者采用CNKI中国知网的"中国学术期刊全文数据库"和"中国优秀硕、博士论文全文数据库"来分析国内健康城市的研究,输入"健康城市"和"城乡规划"(and模式)等2个关键词,检索到文献188篇,可以看出国内关于健康城市的研究从20世纪90年代起步,2004—2010年左右进入一个相对平稳的发展阶段,年均发文10多篇,2015—2018年发文和下载量都达到一个小高潮,年均20多篇,比起健康人居来说情况好得多,但相对来说,健康城市的研究仍然不是研究热点(图1-23)。

按照文献的分布类型来看,健康城市的国内研究者大部分都分布于工程科技领域(48.3%),其次是医药卫生科技领域(8.1%)和经济与管理科学领域(8.1%),主要研究机构有同济大学、哈尔滨工业大学、东南大学等高校,主要的研究者有同济大学王兰教授团队、华东师范大学孙斌栋教授、重庆大学谭少华教授、东南大学杜娟、北京大学林雄斌、杨家文团队等(图1-24)。对文献涉及的研究方法进行观察,可以发现如果以5年为一个阶段,2004—2010年定性研究多于定量研究,2011—2015年两者都在发展,2015年之后关于健康城市的研究急剧增长,而且定量研究数量明显多于定性研究,数学模型和数理统计方法的应用越来越多,且呈逐年递增趋势。

"健康城市"的跨学科研究发展比较迅猛,已深入到建筑学、公共健康、应用经济学等多个学科,并衍生出多个交叉学科主题。可以看出各学科的学者们的关注点比较分散,不太一致。建筑/规划学科的研究者普遍关注城市空间形态,例如城市设计、城市环境、公共活动空间、新城市主义等内容(表1-2)。

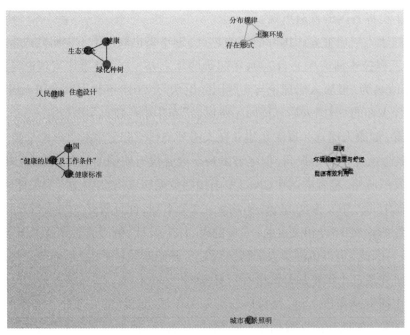

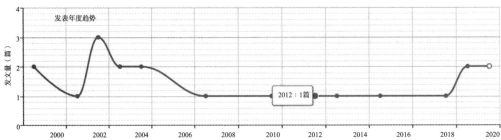

图1-22 近年发表的"健康人居"中文文献增长趋势和研究主题

资料来源：中国知网CNKI数据库

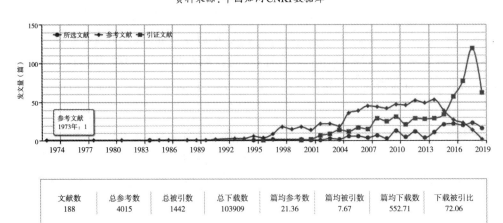

文献数	总参考数	总被引数	总下载数	篇均参考数	篇均被引数	篇均下载数	下载被引比
188	4015	1442	103909	21.36	7.67	552.71	72.06

图1-23 中国知网"健康城市"文献检索结果

资料来源：中国知网CNKI数据库

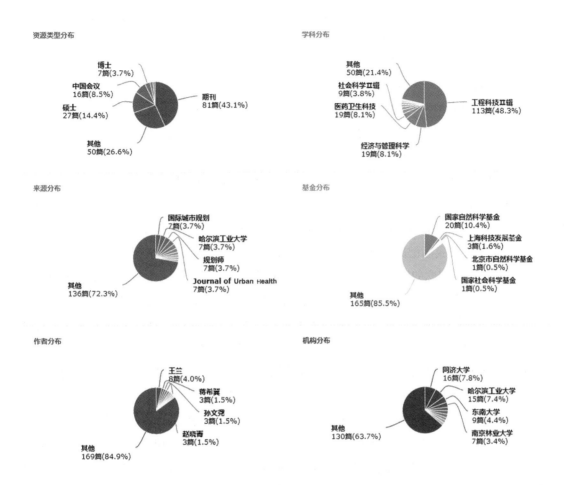

图 1-24 中国知网"健康城市"文献分布

资源来源：中国知网 CNKI 数据库

表 1-2 健康城市学科渗透图表

学科	研究主题和关键词
建筑学	城乡规划、规划运动、城市设计、城市环境、公共活动空间、新城市主义
公共健康与健康	健康城市、世界卫生组织、人人享有卫生保健、健康促进、基层卫生保健服务
应用经济学	指标体系、可持续、可持续发展、青年文明号、战略规划、保定市
教育学	负面影响、实践与发展、过程评价、生态学视角、昆士兰、内容框架
社会学	城市化、城市居民、城市生活质量、人口老龄化、城市化进程、社会生态学
政治学	公民参与、精神文明建设、为人民服务、政府职能

资料来源：自绘

经过笔者梳理发现,国内"健康城市"研究肇始于1995年上海医科大学黄敬亨等发表于《中国初级卫生保健》的文章《健康城市——世界卫生组织的行动战略》,该文介绍了世界卫生组织1986年在加拿大多伦多会议上提出的"健康城市"的主张,指出健康城市是支持这一新运动发展的一个重要创举。[59]2000年武汉城市建设学院的万艳华探讨了健康城市的内涵及其衡量指标,提出了面向21世纪的健康城市对策。[60]这是笔者见到的首次从规划专业人员角度对健康城市的研究。2003年中国人民大学李丽萍介绍了国外的健康城市研究和实践,后来成为本领域的经典文献之一。[61]2006年许从宝完成了博士论文《当代国际健康城市运动基本理论引介与研究》,系统梳理和介绍了国际健康城市运动的基本理论。[62-64]同年同济大学刘滨谊教授发表《通过设计促进健康——美国"设计下的积极生活"计划简介及启示》,介绍了美国RWJF基金会发起的"设计积极生活Active Living by Design"项目,首次提出需要关注我国健康人居问题和环境健康作用。[65]其他还有东南大学杜鹃的硕士论文《基于健康城市理念的旧居住区更新》,从小区规划和组团规划两个方面梳理和评价了我国旧居住区存在的健康问题;南京林业大学周伟丹、薛涛基于健康城市理念分析城市交通规划;2010年哈尔滨工业大学金广君教授指导学生完成了健康城市导向的城市设计系列研究,涉及步行环境[66]、滨水空间[67]、滨水景观[68]和城市健康生活单元[69]等几个方面的设计理论和实例分析;中国疾病预防控制中心苏畅等利用"中国居民健康与营养调查"资料,考察BMI的变化情况以及BMI与膳食和环境因素之间的关系。[70]

2013年清华大学博士生李煜发表论文《纽约城市公共健康空间设计导则及其对北京的启示》,对2010年纽约市发布的公共健康空间设计导则进行了介绍和评述,2014年在朱文一教授指导下完成博士论文《城市易致病空间理论研究》,提出了"城市易致病空间"这样一个新概念,引介了部分国际上健康城市研究热点和理论,对城市空间的致病因素做了一定的归纳,但该论文研究还不够深入。

从2015年开始,健康城市主题的研究发文骤然增多,2015年南京林业大学李志明等发表《城乡规划与公共健康:历史、理论与实践》,系统回顾梳理了城乡规划与公共健康的历史渊源,介绍了国外城乡规划与公共健康的理论研究进展,分析了美国达拉斯—沃恩堡市和奇诺市的总体规划,对美国的健康城乡规划实践动态做了解析和点评。[20]美国北卡罗来纳大学教堂山分校刘天媛、宋艺发文介绍纽约市《活力设计:公共健康空间设计导则》的出台背景、多部门协调以及公众参与机制、具体的策略和内容等三个方面。清华大学田莉教授回顾了城乡规划学科与公共健康的历史,提出了城乡规划与公共健康的跨学科研究框架[71],华东师范大学孙斌栋等利用"中国家庭追踪调查CFPS"数据,检验了城市空间因素对居民超重和肥胖的影响,认为降低个人机动化出行可能降低超重,但是其对肥胖的直接效应和总效用却为正,西方研究结论不一定适合中国。[45,72-73]

2016年同济大学王兰副教授的《城市空间要素对呼吸健康的影响及规划调控研究》获得国家自然科学基金的支持,她的研究从城市空间影响呼吸健康角度,以城市空间要素对

PM颗粒物浓度分布的影响作为研究的切入路径,发表多篇与呼吸健康相关的健康城市论文。[74-76]北京大学林雄斌、杨家文发表《健康城市构建的公交与慢行交通要素及其对交通规划的启示》剖析了公共交通与慢行交通在支持健康城市发展中的作用,提出基于健康城市理念的交通规划。

从2017年至今,健康城市研究呈现百花齐放、百家争鸣的态势,研究者们从健康城市理念、促进身体活动、城市慢行系统、城市街道、公共空间、景观设计等方面对健康城市展开研究,取得了丰硕的成果。值得一提的是近百岁高龄的两院院士吴良镛先生在《科学通报》2018年第63期上发表《规划建设健康城市是提高城市宜居性的关键》一文,认为城市是中国健康管理的关键,提出在建设全球健康城市的众多尝试中,城乡规划与设计,包括以公共交通为导向的开发、土地综合利用和步行友好型设计、建设完整社区(integrated community)以实现社区养老、残疾人康复等对人的基本关怀,对于建设健康的人居环境具有积极的战略引领作用。[77]

图 1-25 《健康城市:释放城市力量,
共筑健康中国》报告封面

资料来源:清华大学官方网站

2018年4月18日是一个标志性的时间节点,主流医学学术期刊《柳叶刀》(THE LANCET)与清华大学联合发布了关于健康城市的专辑《健康城市:释放城市力量,共筑健康中国》(图1-25)。这是《柳叶刀》杂志第一次发布由中国学者领导编撰的关于中国健康城市的特邀报告。世卫组织驻华代表苏佩指出必须要建立起广泛的合作来共同面对城市的健康问题,WHO坚信城市规划、设计以及建设中关注其对健康的影响是解决城市健康问题所必需的。

3)健康城市实践进展

1986年,WHO欧洲总部启动了"健康城市项目",该项目随后逐渐演变为席卷全球的"健康城市运动",公共健康与城乡规划在实践层面走向了新的融合。WHO给"健康城市"的定义是"健康城市是作为一个过程而非结果来界定的,其并不是指达到特定健康状况的城市,而是重视健康状况并努力进行提升的城市,其真正需要的是对改善健康状况的承诺和实现它的相应架构与程序"[78]。该定义强调建设健康城市的过程而不是结果,鼓励开展健康城市建设的用意不言而喻[①]。

2012年欧洲健康城市项目的第四阶段结束后，Hugh Barton、Marcus Grant等重新评估了这些城市，发现几年来健康城市在实践中收到了一定的成效，然而仍需要进行多方面的学科交流与研究支撑，并需要落实到规范和实践层面。[49]

许多国外城市已经走在世界前列，将健康城市作为专项规划组织实施，通过赞助的形式来鼓励高校、研究院所开展健康城市研究，并在实践中逐步一一落实。例如，至今已运行20余年（1998年启动）的亚特兰大地区规划署主办的"区域交通改善计划"项目（Regional Transportation Plan）（图1-26），关注亚特兰大都市区的城市交通，鼓励慢行和公共交通以促进健康人居[79]；2001年启动的由罗伯特·伍德·约翰逊基金会赞助的加州大学圣迭戈分校（UCS）领导的活力生活研究项目（Active Living Research）[②]，关注通过规划和建筑设计鼓励和促进身体活动，并自2003年以来每年发布健康城市指数；2003年启动的澳大利亚研究委员会和Heathway基金会赞助、由Gile-Corti B.等学者领衔的居住环境研究项目（RESIDE），评估城市设计对步行、骑行、公共交通和邻里关系等健康人居因素的影响，项目专家参与了约70多个居住项目的开发。[80]值得一提的还有由英国生物银行和英国经济与社会科学研究委员会资助的，对南威尔士面积约为114.54 km²的卡尔菲利镇（Caerphilly）进行的长达30

图1-26 亚特兰大"区域交通改善计划"（RTP）部分成果

资料来源：https://www.azmag.gov/Programs/Transportation/Regional-Transportation-Plan-RTP

---

① 笔者认为，健康城市既是一种过程，又是一种结果。实现健康城市的目标是一项长期而艰巨的工作，需要不断地探索、实践。另一方面，健康城市的目标不是遥不可及的，是能够达到和完成阶段性目标的。一定意义上来说，健康城市目标的达成可以看作是探索过程中经验和教训的总结，同时也是对建设健康城市的过程中各种行动和努力的肯定。在创建健康城市的过程中，需要不断修正对"健康城市"理念和内涵的认识。

② 由RJWF基金会赞助的该研究十四年前就被同济大学刘滨谊教授引介到国内，翻译为"设计下的积极生活"，当时并未引起理论界足够重视，见《城乡规划》杂志2006年第2期《通过设计促进健康——美国"设计下的积极生活"计划简介及启示》。

多年的队列研究。该研究开始于1979—1983年（第一期），2002—2004年进行了第五期研究，获得了很多有价值的数据和样本，并取得了相当丰硕的成果：卡迪夫大学Sarkar等人关于卡尔菲利镇肥胖人群与建成环境联系的研究2017年发表于顶尖医学期刊《柳叶刀》。[81]

　　1989年，美国卫生与公众服务部率先提出了"健康社区"（Healthy Communities）概念。在联邦政府的支持下，全美公民联盟（The National Civic League）正式发布了全国范围内的健康社区倡议。美国疾病与预防控制中心（CDC）2003年在全美启动了健康社区项目（Healthy Communities Program），该项目建立了全美的网络，在社区层面开展慢性病的防控工作（图1-27），并开发了社区卫生评估工具（CHANGE）。

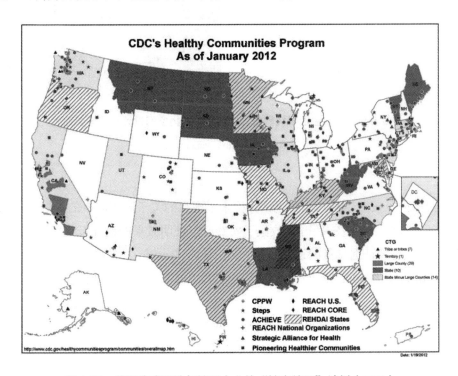

图1-27　美国疾病预防与控制中心的"健康社区"计划（2012）

资料来源：美国疾病预防与控制中心　www.cdagov/nccdphp/

　　值得一提的是美国纽约市卫生局制定的《活力空间设计导则》（以下简称《导则》）。2006年，纽约市卫生局联合纽约建筑师协会召开第一届健康城市大会，会议邀请公共健康、城市设计和建筑设计专家讨论了人居环境与公共健康的关系，自此该会议成为每年一度的例行会议，并培养了一大批健康城市专家，积累了大量的研究资料。2010年，在多年研究的基础上，纽约市政府出版了《活力空间设计导则》。该《导则》归纳了城市设计、建筑设计相关企业和民间智库的研究成果，针对缺乏身体活动导致的肥胖、心脑血管疾病等慢性病提出了相当具体而详尽的城市设计和建筑设计策略（图1-28）。纽约市还组织了规划局、老龄化局、教育局等相关职能部门征询了各界专家的意见。

图1-28 活力生活研究网站和纽约市《活力空间设计导则》封面

资料来源：https://activeliving research.org

《导则》的内容按照"循证设计"原则，检索了现存的关于健康城市的"最佳设计证据"，并充分发挥了专家的决策支持作用，收集了实践已经证明效果的设计策略，设计策略共分三个层级：一是强有力证据支持的设计策略（Strong Evidence），二是越来越多证据支持，正在浮现的设计策略（Emerging Evidence），三是专家共识或者经项目设计检验，业内公认的设计策略（Best Practice）。

《导则》将城市设计和建筑设计分开，作为两个设计领域，共包含151条能够促进公共健康的设计策略。城市设计策略共计有83条，建筑设计策略共计有68条。其中，强有力证据支持的策略9条，占比6%；正在浮现的，被越来越多接受的策略65条，占比43%；专家共识或者行业内公认的设计策略最多，达77条，占比51%。这是迄今为止较为全面、细致的一份针对促进身体活动，改善健康人居的城市和建筑设计导则，很值得借鉴和研究。

国内健康城市的实践起步于20世纪90年代，1989年全国爱国卫生委员会发起创建"国家卫生城市"运动，1994年WHO正式在我国开展健康城市试点工作。如果采用十年为一个周期，健康城市的发展在我国可分为三个阶段。初期阶段（1991—2000）：1994年上海市嘉定区、北京市东城区作为首批健康城市试点的幸运儿进入WHO健康城市系统；中期阶段（2001—2010）：2003年以抗击非典为契机，上海、杭州、苏州等10个城市（区、镇）先后被纳入WHO健康城市试点；成熟阶段（2011— ）：2013年浙、沪、苏等地区共46家单位加入了中国大陆首个WHO健康城市合作中心，2016年11月全国爱卫办启动首批共计38个试点城市作为"健康城市"试点建设城市。

中国健康城市建设和发展的理论与实践水平已经日趋成熟,但大多数人认识中的"健康城市"来自各级卫生部门推动的"卫生城市"概念的延续,笔者检索健康城市相关的研究及实践后发现,它们大多数还是卫生机构开展的健康城市项目,而相关的理论研究较少,完整、系统的理论成果几乎没有。

1.3.2 健康人居的空间影响机制

M. Grant 和 M. Braubach 等人 2010 的发表的《健康城市的空间决定因素证据综述》研究报告指出,健康城市研究近二十多年来受到了密切的关注,但核心理论和框架尚未建立。到目前为止,相关研究并不深入,缺乏强有力的数据支持,亟待进行深入的理论探讨。[82]

1)国外健康人居空间影响机制研究

为了解国外健康人居空间影响机制研究现状,笔者采用 Meta 分析方法对国外健康人居空间影响机制的研究做一个分析。笔者进入美国国家生物信息中心(NCBI)官网 MeSH 主题词库(Medical Subject Heading)查阅相对应的主题词,结果表明 Health habitat、Healthy settlement 和 Healthy city 都不是 MeSH 主题词,Urban health 进入 Mesh 主题词库,另外与之接近的是健康城市(Healthy city)一词。

检索平台利用 SCI 数据库(Web of Science),检索策略以英文主题词"Urban health"或"Healthy city"或"Health habitat"或"Health environment"为检索词,研究目的为影响机制"Impact mechanism"或"Spacial mechanism",语言为所有语言,文件类型为所有文件类型,研究方向选择艺术与人文类别下的"Architecture"、社会科学类别下的"Urban Science"、技术类别下的"Engineering"领域,时间为 1975—2020 年(即所有年份)。可以看到步骤 1 检索到 219 897 篇文献,步骤 2 检索到 209 012 篇文献,步骤 3 检索到 7 692 073 篇文献,最终获取到建筑学、城市科学和工程领域中以"健康人居影响机制"为主题的相关论文 54 篇(表1-3)。

表 1-3 "健康人居空间影响机制"SCI 数据库检索策略

步骤	结果	检索策略
1	219 897	TS=(Urban health 或 Healthy city 或 Habitat health 或 Health environment) 索引 = SCI 扩展,SSCI,A & HCI,CPCI-S,CPCI-SSH,ESCI,CCR 扩展,IC 时间跨度 = 所有年份
2	209 012	TS =(Impact mechanism 或 Spacial mechanism) 索引 = SCI 扩展,SSCI,A & HCI,CPCI-S,CPCI-SSH,ESCI,CCR 扩展,IC 时间跨度 = 所有年份
3	7 692 073	SU =(Architecture 或 Urban Science 或 Engineering) 索引 = SCI 扩展,SSCI,A & HCI,CPCI-S,CPCI-SSH,ESCI Timespan = 所有年份
4	54	步骤 1 和步骤 2 和步骤 3 索引 = SCI 扩展,SSCI,A & HCI,CPCI-S,CPCI-SSH,ESCI Timespan = 所有年份

资料来源:自绘

可以看到该研究方向平均每年发文数量都在10篇以下（图1-29），并不是一个很热门的研究方向，但整体趋势还是在上升期，2002年起开始有一篇论文被SCI数据库收录，2019年发文数量达到最高为9篇。学科集中度主要位于"工程"（52篇）和"环境生态科学"（32篇）两大领域，其他的学科领域较为分散，"建筑学"（2篇）和"城市科学"（1篇）领域，仅有3篇（图1-30）。因此健康人居研究方向在主流科学研究领域的认可度比较低，SCI数据库收录该方向论文至今仅十余年，也说明这是一个新兴的研究方向。

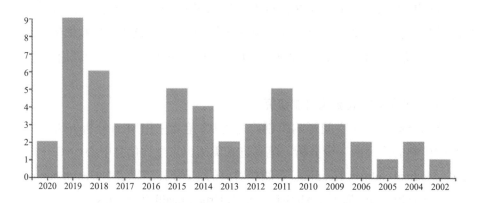

图 1-29　"健康人居空间影响机制"SCI 数据库发表论文统计

资料来源：SCI 文献检索数据库

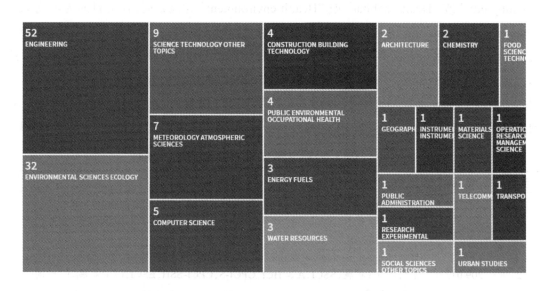

图 1-30　"健康人居空间影响机制"SCI 数据库发表论文学科分布和数量

资料来源：SCI 文献检索数据库

主要的研究机构为中国科学院、加州大学系统、法国国家科学院和清华大学、法国国家工程师学会（图1-31）。

Select	Field: Organizations-Enhanced	Record Count	% of 54	Bar Chart
☐	CHINESE ACADEMY OF SCIENCES	4	7.407 %	■
☐	UNIVERSITY OF CALIFORNIA SYSTEM	4	7.407 %	■
☐	CENTRE NATIONAL DE LA RECHERCHE SCIENTIFIQUE CNRS	3	5.556 %	■
☑	TSINGHUA UNIVERSITY	3	5.556 %	■
☐	CNRS INSTITUTE FOR ENGINEERING SYSTEMS SCIENCES INSIS	2	3.704 %	▪

图 1-31　"健康人居空间影响机制"的主要研究机构

资料来源：SCI 文献检索数据库

根据图 1-29、图 1-30、图 1-31 可以看出，健康人居影响机制的研究主要集中在近十余年。主要研究方向集中在建成环境促进身体活动（11 篇）、避免空气污染（7 篇）、水质污染（3 篇）和生活中各类有毒物质的排放等环境健康问题（4 篇），代表性的研究学者有犹他大学的 Reid Ewing，加州大学系统的 Robert Cervero、Susan Handy 等人，他们发表了一系列有关身体活动促进健康系列论文。[83-85] Howard Frumkin 等主要关注北美城市的无序扩张（Urban Sprawl）与健康人居。[86-87] 随着慢性疾病防控的最新进展，最近几年的研究持续关注城市规划引发慢性疾病的议题，重要成果包括加拿大学者 Lawrence Frank 等关于用地混合度造成肥胖症的研究文章《肥胖症与社区设计、身体活动和开车时间的关系》。[88] 近几年来研究更为深入，包括城市交通[89]、城市尺度[37]、空气污染[90-91]、绿地景观[92]、健康食品获得性[93]等多种城市空间影响健康的机制被揭示，2011 年华盛顿大学 Andrew Danneberg 等发表《创造健康场所——为健康、福祉和可持续的设计与建设》成为这一领域的权威著作。[93] 另外笔者还注意到 2019 年发表了一篇关于城市人居环境与心理健康的综述论文的预印版，填补了心理健康的人居环境空白。

更细微的研究领域是建筑设计和室内环境领域，该领域的研究主要集中在建筑本身——主要是建筑材料和建筑施工产生病原、病态建筑综合征（Sick-building Syndrome）等领域。病态建筑综合征是早在 20 世纪 80 年代就已经被世界卫生组织确认的一种建筑空间相关疾病（1984），指的是在密闭建筑中长时间工作引发头昏、恶心、疲劳、胸闷气短和咳嗽气喘等症状。主要原因是中央空调系统新风换气量不够。学术界讨论也很多，包括《柳叶刀》等著名医学杂志都对此进行了充分的探讨。[94-95]

从景观园林学角度上切入的相关研究主要是恢复性环境理论和压力纾解理论（详见第 2.2.2 节），这两个理论虽然关注的角度不同，但实质上是同一种。一直以来绿地景观和园林设计都被认为是对居民健康有益的，然而近几年的研究却发现不适当的园林植物会导致过敏等问题。

2）国内的健康人居空间影响机制研究

通过中国知网CNKI平台检索国内关于健康人居空间影响机制的研究文献。检索策略一：通过关键词"健康人居""机制"检索论文主题获取到17篇文献，剔除刊首语、报道、访谈等非研究性论文和具体的设计实践论文之外，获得相关文献9篇。检索策略二：通过关键词"健康""机制"检索论文主题，获得相关文献2篇。检索策略三：通过关键词"健康城市""机制"检索论文主题，共获取文献536篇，且无关内容过多，遂改变检索策略，通过关键词"健康城市""机制"检索论文关键词，获取到0篇文献，再次改变检索策略通过关键词"健康城市""机制"检索论文篇名，获取到相关文献5篇（表1-4）。

表1-4　CNKI健康人居空间影响机制检索步骤

检索范围	中国学术期刊网络出版总库，中国博士学位论文全文数据库，中国优秀硕士学位论文全文数据库，中国重要会议论文全文数据库，国际会议论文全文数据库，中国重要报纸全文数据库，中国学术辑刊全文数据库，外文期刊，国际会议
检索年限	不限
检索式一	（主题＝健康 机制 或者 题名＝健康 机制 或者 v_subject＝中英文扩展（健康 机制，中英文对照）或者 title＝中英文扩展（健康 机制，中英文对照））（模糊匹配）
检索式二	（主题＝健康人居 机制 或者 题名＝健康人居 机制 或者 v_subject＝中英文扩展（健康人居 机制，中英文对照）或者 title＝中英文扩展（健康人居 机制，中英文对照））（模糊匹配）
检索式三	（题名＝健康城市 机制 或者 title＝中英文扩展（健康城市 机制，中英文对照））（模糊匹配）
检索式四	（题名＝健康城市 机制 或者 title＝中英文扩展（健康城市 机制，中英文对照））（模糊匹配）

资料来源：自绘

可以看出国内对于健康人居的空间影响机制的研究从2006年开始起步，年均发文仅为1.23篇，2018年发文最多达到6篇（图1-32），主要的研究关键词为建设领域的"城市人居环境建设"和城市管理领域的"健康城市"，研究领域较为分散，几乎每一篇都是不同的主题，印证了国内的健康人居空间影响机制的研究处于萌芽和初始阶段（图1-33）。

与笔者相关的研究论文主要有同济大学王兰教授团队的论文《城市建成环境对呼吸健康的影响及规划策略——以上海市某城区为例》（2016），该论文构建了人居环境对呼吸健康作用的理论框架，提出了人居环境影响呼吸健康的多元要素及作用路径；香港大学姜斌副教授等用中英双语发表的论文《健康城市：论城市绿色景观对大众健康的影响机制及重要研究问题》（2015），分析了城市绿色景观对健康的促进作用；东华大学张莹的博士论文《城市体质健康型人居环境建设研究》（2011），提出了体质健康型人居环境理论模型，并建立了其指标体系；重庆大学周官红的硕士论文《城市规划对城市人居环境作用机制研究》（2009），文章从城市规划管理的角度定性分析了规划各层次因素对健康城市建设的指导作用。

文献数	总参考数	总被引数	总下载数	篇均参考数	篇均被引数	篇均下载数	下载被引比
16	1065	137	11846	66.56	8.56	740.38	86.47

总体趋势分析

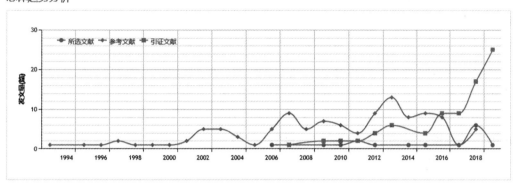

图 1-32 "健康人居空间影响机制"中文论文发表趋势

资料来源：CNKI数据库

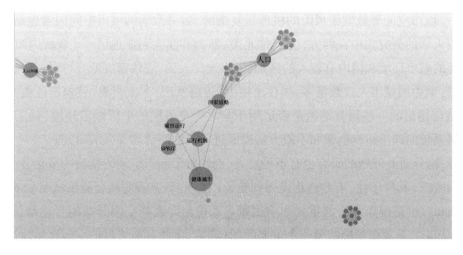

图 1-33 "健康人居的空间影响机制"中文论文研究主题

资料来源：CNKI数据库

综上所述，国内对于健康的空间影响机制的研究尚处于起步阶段，具体表现就是研究时间较短，仅十余年，相关研究比较少，研究主题较为分散，除了少量的高质量研究论文外，其他研究大多以定性描述和介绍国外相关理论为主，自主研究和定量研究都比较少。

1.3.3 小结

城乡规划作为一种兼具政策性同时又具有很强实操性的空间资源分配手段，其极强的目的性导致城乡规划理论往往落后于实践，而中国近三十年的"城乡规划大跃进"又使得城乡规划工作者忙于项目实践,无暇顾及理论研究,理论储备极为有限,因此在处理复杂性科学问题上具有先天的不足。

城市空间对于健康人居的影响非常广泛,因而城乡规划作为指导城市空间建设的重要手段,在促进居民身体活动和健康方面的作用日益受到重视。随着时间的推移,城市空间与健康人居之间的各种联系不断被发掘,但仍并未详细、完整覆盖城市空间的健康影响因素,例如交通伤害、噪声污染、暴力犯罪等与健康人居的相关联系。

城市空间与健康人居的联系是综合、复杂、多效应的,城市空间的形态、人口健康与健康不平等现象之间仍然有许多未知的关联亟待发掘。[49]不过,健康城市规划在实践中的应用——健康影响评价(Health Impact Assessment, HIA)发展较为迅速,健康影响评价是在具体的城市建设项目中,对建设行为对项目所在地居民健康的影响做一个定性的评价和定量评估,这一应用技术获得了诸多学者的重视。

1)现有研究之不足

现有研究有以下三个方面值得关注。

其一,城市空间导致健康风险的机理是复杂的,容易致病的城市空间因素也是综合的。目前健康人居的研究集中在西方,尤其是北美、欧洲和澳大利亚地区[20],众所周知,北美和澳大利亚的城市环境和国内有较大的区别,大多地广人稀,居住密度低,欧洲城市尺度偏小,道路狭窄,而中国城市人口数量多,居住密度大,道路宽阔,车流密集,建筑密度也大,因此,从西方城市得出的一些研究结论是否适用于与之完全不同的中国城市环境,尚为未知数。健康人居系统的理论研究框架和手段方法尚需进一步的厘清和深入的研究。

其二,国外对此问题的研究也有不足之处,例如对于城市空间的精确的量化方法和手段都还较为匮乏,其科学性、有效性难以得到验证;另外,研究表明社会经济状况(Social Economic Status)也是健康人居的重要影响因素。如何消除人群空间分布的自选择偏倚(Self Selection Bias),是需要解决的另一个重要问题;再者,关于某类人群的空间聚集往往忽略了来自相邻区域的影响,也就是"空间自相关性"(Spatial Autocorrelation),对结果的真实性造成一定影响。综上,在准确收集数据和对健康人居环境调查基础上,建立全面反映城市空间健康效应的多层次、多维度、复效应的时空演化模型,是深入研究健康人居的关键。

其三,健康人居的理论研究仍然较为零散和片段化,并没有形成系统的理论框架[96];再就是因为缺乏核心理论指导,有关研究得出的结论并不一致甚至相悖,例如关于居住密度的研究。[45]健康人居研究目前尚未进入我国城乡规划主流理论界的视野,遑论对影响机制的探索。这一研究现状制约了对健康人居机制和过程的理解及解释,也影响健康城市的实践。因此,结合上述既有的研究发现,对健康人居的理论和城市空间因素的研究亟待关注其影响机制。

2）基础理论有待深化

其一，哪些城市空间要素能够影响人类健康以及影响机制至今仍然缺乏深入的研究。虽然已有大量的特定慢性病或者某种空间健康影响因素的研究，但仍然较为零散和片段化，并未形成系统的理论框架。

其二，研究对象和范围缺乏清晰、固定的尺度，难以进行比较和鉴别。从既往的相关研究可以发现，建成环境因素变量的选择缺乏标准和规范，非常混乱和含糊：不同的研究采用了不同的标准，并且建成环境因素通常是特有的，例如即使是位于同一个城市，但不同的社区差异极大，市中心和市郊的土地利用和街道配置以及社会经济状况可能都存在较大的差异。最重要的是，所研究的个人、人群组成和社会人口特征可能差别较大。

很多研究针对的往往只是城市空间的单一或者局部因素，且采用的研究尺度和标准差异很大，很难在同一尺度上进行比较，呈现片段化、局部化的倾向。[44, 96] 理论研究中较少出现关于健康人居系统的多维度因素整体研究，且相互的因果关系不够明确。另外，由于中外城市空间的差异，本土学者和西方学者之间存在研究结论矛盾甚至相悖的现象，例如关于居住密度和可达性的研究，相关结论存在矛盾和冲突。[45]

其三，总体上来看，已有的国外研究关于城市交通和空间布局规划较多，国内的研究介绍性研究较多，适合中国国情和社会阶段、立足于特有文化背景的理论框架和方法体系目前来看并不完备，且较缺乏清晰、完整的实证研究。此外，研究的落地性并不好，对规划设计的引领和指导作用还有待加强。

3）研究方法和手段需要创新

当今慢性病的时代需要一种准确反映城市空间多因素的复杂作用，并考虑生理—心理—社会模式的研究方法①。除了城市空间的物质变量如密度、土地利用混合度、街道宽度等因素之外，研究表明，城市空间和景观还存在着影响人们步行和邻里交往的心理因素。但目前大多数对城市空间与健康关系的研究限于研究技术，仍然采用大尺度的环境范围（例如省、市级别），忽视了更细粒度的城市肌理元素（社区、建筑）的作用。[97]

对健康人居的研究方法需要大量的数据作为研究的样本和支撑，在地理信息技术普及应用之前，一个难以逾越的技术障碍是如何定量评估建成环境因素，研究方法大多采用比较传统的访谈和问卷调查等人工方式，由于对自我报告法（Self-report）和横向研究方法的依赖，研究中往往因为难以控制自选择偏倚（Self-selection Bias）而出错[98]，也就无法得出论据

---

① 美国Rochester大学医学院教授恩格尔（Engel G. L）1977年在《科学》杂志发表文章，批评了现代医学即生物医学模式的局限性，指出生物医学模式仅仅关注导致疾病的生物、化学因素，而忽视社会、心理的维度，不能解释并解决所有的医学问题。为此，他提出了一个新的医学模式，即生物—心理—社会医学模式。恩格尔提出："医学模式必须考虑到病人、病人生活在其中的环境以及对抗疾病带来的破坏作用的社会补充系统，即医生的作用和卫生保健制度。"

充分的结论并建立精确的相关关系,不少研究发现被质疑为伪相关,这也成为同类研究中主要的弱点。[83]

以Arcgis为代表的地理信息技术提供了一种能够远距离客观测量环境影响因素的方法,同时也扩充了调研数据库。[99-101]现场访谈方式多为主观评价,很难对环境因素进行客观度量,GIS却可以通过地理信息的定位提供现场方式难以做到的信息的实时聚合,方便与数理统计模型结合,能够相对客观地评价建成环境因素对健康的影响,还可用非常直观的图片方式输出,帮助评估公共健康干预措施。结合相关的分析工具例如莫兰指数Moran's I,Getis Gi等分析工具,建立更符合复杂实际情况的模型。还可以与其他先进的分析软件相结合如地理加权回归模型、贝叶斯模型、结构方程模型、人工智能模型来研究行为和环境。以地理信息系统GIS为代表的规划空间技术最重要的贡献在于为城市空间的客观度量提供了崭新的研究技术,并以此促进了健康城市的研究。

1.4 研究意义

世界卫生组织在《全球城市健康报告2019》中指出,全世界每年总死亡数量的63%都来自慢性非传染性疾病(3 800万人),慢性非传染性疾病(NCD)与传染病不同,没有明显的传染病原,主要取决于人们的生活方式和行为习惯,以机动交通为主的现代城市生活方式决定了城市空间的构成方式,这或许是被诟病为缺乏科学性、偏重空间形态和感性认知的城乡规划学科介入公共健康的主要切入点。

1.4.1 理论意义

第一,本研究提出的涵盖生理、心理、社会三个维度的"健康位"概念,以及基于系统论涵盖个人、人群、城市、国家、全球生态系统五个尺度的健康人居概念,构建健康人居的健康位理论模型,将为从城乡规划、建筑和景观园林设计角度研究空间健康风险的实证研究提供方法论和研究的基础。第二,本研究对健康人居的空间影响机制的研究,将有助于更好地理解和阐释健康人居的城市空间影响因素、过程和机制。综上所述,本书的相关工作将丰富和推进人居环境科学对健康城市的理论研究。

1.4.2 实践意义

本研究将有助于为城市建设部门的健康规划政策和健康城市设计导则提供理论基础,也可以为新的城乡规划和建设项目的规划设计提供"健康影响评估"(Health Impact Assessment, HIA)方面的依据[102-103],还可为卫生部门制定健康政策和疾病防控措施提出前瞻性建议。此外,本书的相关工作将有助于进一步论证城市空间对促进人的健康、提升人的幸福感和提高生活质量的作用,改变不健康行为,促进积极生活方式(Active Lifestyle),实现现代城乡规划促进居民健康的价值,最终实现"健康中国"的战略目标。

1.5 研究的主要内容和方法

1.5.1 研究内容及思路

本研究主要针对三个问题:

第一,健康人居系统的理论模型。健康人居与城市空间是一种广尺度、多层次、多维度、复效应的时空演化过程,如何尽量准确而又不失烦冗地表达人居环境与健康的这种复杂关系?

第二,人居环境哪些因素影响健康并且如何影响健康人居?

第三,如何优化和改善城乡规划和空间设计,防范和化解城市空间健康风险,推动健康人居水平的提升?

本研究遵循的总体思路如下:

回溯健康人居理论的相关背景、发展历程、研究动态,提出广尺度、多层次、多维度的"健康位"概念,借鉴人居环境科学学科体系和健康人居理论的核心内容——身体活动促进健康、健康膳食地图、恢复性环境理论,构建基于"健康位"的健康人居理论模型,然后选取2014全国女性肺癌患病率(省域尺度)和武汉市××区慢性病发病率(社区尺度)两个代表性案例,对其进行了空间分析和空间计量建模,希望识别和发现健康人居的城市空间影响因素的结构性特征以及捕捉城市空间与健康人居之间多个微弱但又相当重要的因果关系和联系规律。对健康人居要素的特征及基于健康位的健康人居系统模型进行详尽描述,回答"是什么"的问题。

接着,采用理论研究与计量分析相结合的方法对导致人群健康空间差异背后的健康机制进行探索,深入探讨其集聚的情况及其背后的影响因素,并试着分析其影响机制,由浅入深地回答"为什么"的问题。

然后,在已有研究的基础上,本研究拟从城市规划、道路交通、公共设施、城市设计、地块和建筑设计五个方面探讨健康导向的城乡规划策略(详见表6-2),从而回答"怎么办"的问题。

1.5.2 研究方法

具体而言,本书主要采取了如下的研究方法和研究技术。

1）文献研究法（Literature Research）

本书将对健康人居理论核心内容——人居环境科学和健康城市理论进行引介,对健康城市理论的相关背景、发展历程、研究动态以及理论基础等理论要素进行调研,最终构建系统化的健康人居理论框架和内容。笔者主要采取对相关中英文期刊、书籍、论文、规划文本以及其他资源进行学习研究及整理分析,探索健康人居理论在国内外的发展历程、研究进展以及实践成果等。

研究工具: 荟萃分析法。荟萃分析(Meta-analysis)统计方法又叫元分析法,是对现有文献的再次分析和统计。荟萃分析出现于1970年代医学研究领域,并不直接进行原始的研究,而是对已有研究的结果进行研究和分析。具体来说即需要收集全世界范围内已知的全部过往研究结果,对不同研究结果进行分类、合并及统计分析,剔除缺乏证据和已经被证明无效的方法,将经过证实、确实真实的科学结论提供给临床医师,以促进真正有效的治疗,是"循证医学"[1]的主要内容和研究手段。

2）案例研究法（Case Study）

为验证健康人居系统的理论假设,本书选取了两个案例来分析: 其一是2014全国女性肺癌患病率空间相关性研究,其二是武汉市××区社区慢性病发病率与社区空间因素的相关性研究。本研究采用探索性空间数据分析与空间计量模型进行定量分析,从而实现在研究方法上的理论与实证分析相结合。

研究工具: 大数据分析。研究技术手段上,利用大数据分析工具例如Excel, SPSS, Sata等进行原始数据的整理、清洗和可视化,利用Arcgis强大的空间分析以及空间可视化功能,结合案例城市的时空地理多源数据,构建健康人居系统的时空数理模型,最后利用空间分析工具Geoda和GWR4.0,建立回归模型探讨健康人居空间影响因素的相关性和重要性,并进行检验。

3）数量研究法——空间分析方法（Spacial Analysis）

中国有句古谚语说得好:"一方水土养一方人。"与传染病一样,研究证实高血压、糖尿

---

[1] "循证"是一个来源于"循证医学"（Evidence-based Medicine, EBM）的概念,意思是"遵循可靠的科学证据",而不是凭经验和感觉,其目的是克服传统医学凭借医师个人的经验和理解来诊治病人的弊端。这一思想也被引入规划和设计行业。20世纪70、80年代建筑界将"循证医学"原理与建筑设计理论结合并应用于医疗建筑设计,形成早期的"循证建筑学"概念,解释为"遵循证据的建筑学研究"。

病等慢性病也具有一定的空间聚集性(图1-1)。一般来说,慢性病与个体的生活方式、行为机制以及特定的地理环境因素关系极大,这种多维度、多层次的相互作用体现在空间上就是邻近区域发病水平具有相似性(空间自相关),距离越远的则具有一定的空间差异(地理学第一定律)。通过流行病学调查等办法获取的慢性病数据如果忽略其空间属性,会造成信息的极大浪费,甚至有可能得出对慢性疾病规律的错误认识。

对健康人居的研究方法需要大量的数据作为研究的样本和支撑,传统的访谈和问卷调查等人工方式往往因为难以控制自选择偏倚(Self-selection Bias)而出错[97],也就无法得出论据充分的结论并建立精确的相关关系。[83]

GIS利用图学和数理模型技术分析地图、获取信息,通过可视化表达,数据分析趋势用于灾害、疫情等社会管理工作的辅助决策,成为地理信息系统的重要研究内容。新冠肺炎病毒疫情爆发以来,各地都开发了各种疫情查询系统,对疫情控制贡献很大。

通过百度地图API、Geocoding等空间转换技术将收集到的人群患病率数据库,转换为空间坐标,建立案例城市空间地理数据库,导入Arcgis软件做成分析图层,在此基础上利用GIS和其他空间分析软件强大的空间分析以及空间可视化功能,结合案例城市时空地理多源数据,利用空间分析工具Geoda、统计分析工具SPSS以及地理加权回归分析软件GWR4.0,以发病率为因变量,城市空间致病因素(人口密度、用地强度、宜步性指数、绿地率、设施可达性等)为自变量,建立基于人口统计学变量、城市空间因素变量、社会经济变量的多层模型并进行检验。

1.5.3　技术路线

论文研究的技术路线见图1-34。

1.5.4　论文篇章结构

本书拟分七章展开论述,第一章与第二章是全书展开研究的基础;第三章提出了关于健康人居的广尺度、多层次、多维度、复效应的"健康位"概念,基于"健康位"概念,本书构建了包含个人、人群、城市、国家、全球生态系统五个尺度的健康人居系统模型;第四章探讨了城市空间对于健康人居的三大综合影响机制,提出了宏观(城市)、中观(社区)、微观(建筑)层面的健康人居空间要素,并总结提出了城乡规划实现健康人居的路径;第五章是城市空间健康效应实证研究,以2014年全国女性肺癌患病率和武汉市××区社区高血压患病率为案例进行了空间建模和分析;第六章提出了促进健康的规划原则和策略,并从城市、社区、地块和建筑层面提出了具体的设计策略;第七章是全书的总结。

1)第1章　绪论

这一章是论文的绪论部分,开篇论述了本书研究的背景,利用荟萃分析法对论文研究的

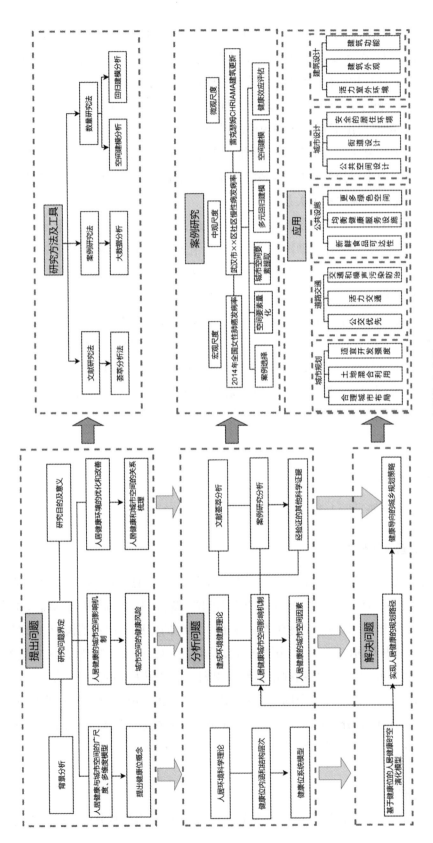

图 1-34 论文研究的技术路线

资料来源：自绘

国内外相关研究现状和不足进行了综述,解释了研究目的与意义,简单说明了研究的内容和研究框架、研究思路、研究方法和技术路线。

2)第 2 章 健康人居的基础理论分析

这一部分为健康人居的健康位理论模型和城市空间影响机制的建立奠定理论基础。主要界定了研究所涉及的核心概念,从公共健康和城乡规划两个角度回顾梳理了健康人居的历史以及健康人居理论的建立过程,总结了健康人居的两大理论基础——以身体活动与健康、健康膳食、恢复性环境为核心的健康城市理论和人居环境科学理论。

3)第 3 章 健康人居的健康位分析范式

本章提出了研究的核心概念——基于生态学理论的"健康位"概念,分析了作为健康人居系统基石的健康位概念的内涵、结构、层次。在此基础上,构建了健康人居与城市空间之间广尺度、多层次、多维度、复效应的时空演化理论模型,作为健康人居系统的分析范式。

4)第 4 章 健康人居的空间影响机制

本章首先分析了健康人居与城市空间之间的互相依存、互相影响的互动关系,归纳了四类城市空间引发的健康人居风险——环境污染健康损害、病原暴露、生活方式的改变和身心压力,探索总结了健康人居的三大空间影响机制——城市空间产生病原、城市空间导致压力、城市空间改变生活方式三大影响机制,总结了涵盖城市、社区、建筑(宏观、中观、微观)三个层面的健康人居城市空间要素,并指出了城乡规划角度出发的消除污染、舒缓压力、促进身体活动健康人居的实现路径。

5)第 5 章 不同尺度的城市空间健康效应研究

本章选取全国尺度(2014年全国女性肺癌患病率)和社区尺度(武汉市××区慢性病患病率)两个案例,采用探索性空间分析和空间计量建模方法对影响健康人居的多层次城市空间要素进行了实证研究和提取。结合英国威尔士雷克瑟姆CHARISMA建筑更新项目作为建筑尺度的案例分析,在此基础上探讨了宏观尺度(全国范围)、中观尺度(社区范围)、微观尺度(建筑层面)的健康人居的城市空间要素以及复合效应机制。

6)第 6 章 健康人居的设计策略

在前文分析的基础上,本章尝试了循证研究方法,按照寻证—用证—验证的"循证研究"流程,首先列出了现有的(包括本书研究得出)的"已知最佳研究证据",从城乡规划、道路交通、公共设施、城市设计以及地块和建筑设计等五个角度提出了针对性的、由大及小、由点及面地的健康人居设计策略,涵盖18个城乡规划要素共计57项健康导向的健康人居设计策略(详见表6-2)。

7)第7章 结论与展望

本章是论文的研究总结,包括本研究得出的研究结论、研究的创新点和研究的局限,最后对研究有待今后深入的部分做了总结,并对健康人居的研究做了展望。

本章参考文献

[1] 吕晨,樊杰,孙威.基于ESDA的中国人口空间格局及影响因素研究[J].经济地理,2009,29(11):1797-1802.

[2] 郭璞.黄帝宅经、葬图、青乌先生葬经、青乌绪言[M].台北:新文丰出版公司,1988.

[3] World urbanization prospects:the 2014 revision,highlights(ST/ESA/SER.A/352)[R]. New York:United Nations,Department of Economic and Social Affairs,Population Division,2014.

[4] Sallis J F, Bull F, Burdett R, et al. Use of science to guide city planning policy and practice:how to achieve healthy and sustainable future cities[J].Lancet,2016,388(10062):2936-2947.

[5] Susser M, Stein Z. Eras in epidemiology:The evolution of ideas[M]. New York:Oxford University Press. 2009.

[6] New York City Department of Health and Mental Health. Epiquery:NYc interactive Health data system:community Health survey 2008[R]. 2008.

[7] 邹兵.增量规划、存量规划与政策规划[J].城市规划,2013,37(2):35-37.

[8] World health statistics 2018[R]. Geneva:WHO,2018.

[9] The global burden of disease 2013[R]. Geneva:WHO,2013.

[10] 中华人民共和国卫生部.2011中国卫生统计年鉴[M].北京:中国协和医科大学出版社,2011.

[11] Wang S, Marquez P, Langenbrunner J. Toward a healthy and harmonious life in china:stemming the rising tide of non-communicable diseases[R]. The World Bank,2011.

[12] 中国居民营养与慢性病状况报告[R].北京:中国疾病预防控制中心,2015.

[13] 肖湘雄,李倩."城中村"流动人口环境健康风险及其政策建议:以湖南省湘潭市为例[C]//第八届(2013)中国管理学年会——公共管理分会场论文集.上海,2013.

[14] 王冬.城中村人群健康:城市化进程中不可忽视的问题[J].医学与哲学,2007,28(3):31-33.

[15] World urbanization prospects[R]. Geneva:WHO,2014.

[16] Feng J, Glass T A, Curriero F C, et al. The built environment and obesity:A systematic review of the epidemiologic evidence[J]. Health & Place,2010,16(2):175-190.

[17] Wu S, Powers S, Zhu W, et al. Substantial contribution of extrinsic risk factors to cancer development[J]. Nature,2016,529(7584):43-47.

[18] 李煜.城市"易致病"空间若干理论研究[D].北京:清华大学,2014.

[19] 张庭伟.城市社会发展及城市规划的作用[C]//社区·空间·治理:2015年同济大学城市与社会国际论坛会议论文集.上海:同济大学出版社,2015.

[20] 李志明,张艺.城市规划与公共健康:历史、理论与实践[J].规划师,2015(06):5-11.

[21] 彭飞飞.美国的城市区划法[J].国际城市规划,2009,24(S1):69-72.

［22］Lalonde U M. A new perspective on the health of Canadian: a working document［J］.Ottawa: Government of Canada,1974.

［23］Kleinert S, Horton R. Urban design: an important future force for health and well-being［J］. Lancet, 2016,388(10062): 2848-2850.

［24］Goenka S, Andersen L B. Urban design and transport to promote healthy lives［J］. Lancet, 2016, 388 (10062): 2851-2853.

［25］Giles-Corti B, Vernez-Moudon A, Reis R, et al. City planning and population health: a global challenge［J］. Lancet,2016,388(10062): 2912-2924.

［26］孙施文.中国城市规划的理性思维的困境［J］.城市规划学刊,2007(2): 1-8.

［27］Healthy cities and the city planning process: a background document on links between health and urban planning［R］.Copenhagen: WHO,1999.

［28］Tan D, Shah A, Wolstein J, et al. Using GIS to assess the relationship between the built environment and obesity among adults in Los angeles county［C］//141st APHA Annual Meeting. Boston,MA.

［29］Wang F H, Wen M, Xu Y Q. Population-adjusted street connectivity, urbanicity and risk of obesity in the US［J］. Applied Geography,2013,41: 1-14.

［30］龙瀛,刘伦伦.新数据环境下定量城市研究的四个变革［J］.国际城市规划,2017,32(1): 64-73.

［31］Maslow A H. A theory of human motivation［J］. Psychological Review,1943,50(4): 370-396.

［32］Millennium Ecosystems Assessment. Ecosystems and human wellbeing［M］. St. Louis: Island Press, 2006.

［33］Preamble to the Constitution of WHO: the International Health Conference［R］. New York: WHO, 1948.

［34］吴良镛.人居环境科学的探索［J］.规划师,2001(6): 5-8.

［35］海德格尔.人,诗意地安居/海德格尔语要［M］.郜元宝,译.桂林: 广西师范大学出版社,2000.

［36］Melanie L, Paula H, Helen J, et al. Evidence-informed planning for healthy liveable cities: how can policy frameworks be used to strengthen research translation?［J］. Current environmental health reports,2019, 6 (3): 127-136.

［37］Garfinkel-Castro A, Kim K, Hamidi S, et al. Obesity and the built environment at different urban scales: examining the literature［J］. Nutrition Reviews,2017,75(supply 1): 51-61.

［38］Grant M, Brown C, Caiaffa W T, et al. Cities and health: an evolving global conversation［J］. Cities & Health,2017,1(1): 1-9.

［39］Rao M L, Prasad S, Adshead F, et al. The built environment and health［J］. The Lancet, 2007, 370 (9593): 1111-1113.

［40］Rydin Y. Healthy cities and planning［J］. Town Planning Review,2012,83(4): xiii-xviii.

［41］de Leeuw E. Evidence for Healthy Cities: reflections on practice, method and theory［J］. Health Promotion International,2009,24(Supply 1): i19-i36.

［42］邹兵.关于城市规划学科性质的认识及其发展方向的思考［J］.城市规划学刊,2005(1): 28-30.

［43］Harris J K, Lecy J, Hipp J A, et al. Mapping the development of research on physical activity and the built environment［J］. Preventive Medicine,2013,57(5): 533-540.

［44］李孟飞.城市建成环境健康性研究综述［J］.北京联合大学学报,2017,31(4): 37-43.

［45］孙斌栋,阎宏,张婷麟.社区建成环境对健康的影响: 基于居民个体超重的实证研究［J］.地理学报,2016(10): 1721-1730.

［46］刘伟,杨剑,陈开梅.国际体力活动促进型建成环境研究的前沿与热点分析［J］.首都体育学院学报,2016,28(5):463-468.

［47］Duhl L J. The healthy city:Its function and its future［J］. Health Promotion International,1986,1(1):55-60.

［48］Duhl L J,Hancock T,Twiss J. A dialogue on healthy communities:past,present,and future［J］. National Civic Review,1998,87(4):283-292.

［49］Hugh B,Marcus G. Urban planning for healthy cities:a review of the progress of the european healthy cities programme［J］. Journal of Urban Health,2012 90(S1):S129-S141.

［50］Barton H,Mitcham C,Tsourou C. Healthy urban planning in practice:experience of European cities［R］. WHO Europe,2003.

［51］Corburn J. Confronting the challenges in reconnecting urban planning and public health［J］. American Journal of Public Health,2004,94(4):541-546.

［52］Corburn J. Toward the healthy city:people,places,and the politics of urban planning［M］.MIT Press,2009.

［53］Northridge M E,Sclar E D,Biswas P. Sorting out the connections between the built environment and health:A conceptual framework for navigating pathways and planning healthy cities［J］. Journal of Urban Health,2003,80(4):556-568.

［54］Frank L,Sallis J,Conway T,et al. Many Pathways from Land Use to Health［J］. Journal of the American Planning Association,2006,72(1):75.

［55］Handy S,Clifton K. Planning and the built environment:Implications for obesity prevention［M］// Handbook of Obesity Prevention Boston,MA:Springer US:171-192.

［56］Halpern D. More than bricks and mortar? mental health and the built environment［M］. Routledge,2014.

［57］祁新华,程煜,陈烈,等.国外人居环境研究回顾与展望［J］.世界地理研究,2007(02):17-24.

［58］毛其智.中国人居环境科学的理论与实践［J］.国际城市规划,2019,34(04):54-63.

［59］黄敬亨,王建同.健康城市——世界卫生组织的行动战略［J］.中国初级卫生保健,1995(10):18-20.

［60］万艳华.面向21世纪的人类住区:健康城市及其规划［J］.武汉城市建设学院学报,2000(04):58-62.

［61］李丽萍.国外的健康城市规划［J］.规划师,2003,19(s1):40-43.

［62］许从宝,仲德崑,李娜.探寻健康城市观念的原旨［J］.规划师,2005(06):76-79.

［63］许从宝,仲德崑.健康城市:城市规划的重新定向［J］.上海城市管理职业技术学院学报,2005(04):33-38.

［64］许从宝,仲德崑,李娜.当代国际健康城市运动基本理论研究纲要［J］.城市规划,2005(10):52-59.

［65］刘滨谊,郭璁.通过设计促进健康:美国"设计下的积极生活"计划简介及启示［J］.国外城市规划,2006,21(2):60-65.

［66］徐璐.健康导向下我国城市步行环境更新研究［D］.哈尔滨:哈尔滨工业大学,2010.

［67］褚筠.健康导向下的城市滨水空间形态模式研究［D］.哈尔滨:哈尔滨工业大学,2010.

［68］于儒海.健康导向下的城市滨水区景观设计研究［D］.哈尔滨:哈尔滨工业大学,2010.

［69］董晶晶.基于行为改变理论的城市健康生活单元构建［D］.哈尔滨:哈尔滨工业大学,2010.

［70］苏畅,张兵,刘爱东,等.膳食和环境因素与我国城乡居民超重、肥胖关系的研究［J］.中国健康教

育,2010,26(03):168-171.

[71] 田莉,李经纬,欧阳伟,等.城乡规划与公共健康的关系及跨学科研究框架构想[J].城市规划学刊,2016(2):111-116.

[72] 孙斌栋,尹春.建成环境对居民健康的影响:来自拆迁安置房居民的证据[J].城市与区域规划研究,2018,10(4):48-58.

[73] 林杰,孙斌栋.建成环境对城市居民主观幸福感的影响:来自中国劳动力动态调查的证据[J].城市发展研究,2017,24(12):69-75.

[74] 王兰,赵晓菁,蒋希冀,等.颗粒物分布视角下的健康城市规划研究:理论框架与实证方法[J].城市规划,2016,40(9):39-48.

[75] 王兰,凯瑟琳·罗斯.健康城市规划与评估:兴起与趋势[J].国际城市规划,2016,31(04):1-3.

[76] 王兰,廖舒文,赵晓菁.健康城市规划路径与要素辨析[J].国际城市规划,2016,31(4):4-9.

[77] 吴良镛.规划建设健康城市是提高城市宜居性的关键[J].科学通报,2018,63(11):985.

[78] Barton H, Grant M. Urban planning for healthy cities[J]. Journal of Urban Health, 2013, 90(S1): 129-141.

[79] Plan 2040 regional transportation plan(RTP)[R]. Atlanta Regional Commission, 2014.

[80] Centre for the built health. Living livable: The impact of the Livable neighborhood's policy on the health and wellbeing of Perth residents[R]. Perth: The University of Western Australia, 2015.

[81] Sarkar C, Webster C, Gallacher J. Association between adiposity outcomes and residential density: a full-data, cross-sectional analysis of 419 562 UK Biobank adult participants[J]. The Lancet Planetary Health, 2017, 1(7): e277-e288.

[82] Grant M, Braubach M. Evidence review on the spatial determinants of health in urban settings[C]// Urban Planning, Environment and Health: From Evidence to Policy Action: 22-97. WHO Regional office for Europe.

[83] Ewing R, Cervero R. Travel and the built environment: a meta-analysis[J]. Journal of the American Planning Association, 2010, 76(3): 265-294.

[84] Ewing R, Handy S, Brownson R C, et al. Identifying and measuring urban design qualities related to walkability[J]. Journal of Physical Activity & Health, 2006, 3(S1): S223-S240.

[85] Handy S L, Boarnet M G, Ewing R, et al. How the built environment affects physical activity: views from urban planning[J]. American Journal of Preventive Medicine, 2002, 23(2): 64-73.

[86] Stone B, Hess J J, Frumkin H. Urban form and extreme heat events: are sprawling cities more vulnerable to climate change than compact cities?[J]. Environmental Health Perspective, 2010, 118(10): 1425-1428.

[87] Frumkin H, Frank L, Jackson R. Urban sprawl and public health: designing, planning, building for healthy communities[M]. Island Press, 2004.

[88] Frank L D, Andresen M A, Schmid T L. Obesity relationships with community design, physical activity, and time spent in cars[J]. American Journal of Preventive Medicine, 2004, 27(2): 87-96.

[89] Stevenson M, Thompson J, de Sá T H, et al. Land use, transport, and population health: estimating the health benefits of compact cities[J]. Lancet, 2016, 388(10062): 2925-2935.

[90] Rees-Punia E, Evans E M, Schmidt M D, et al. Mortality risk reductions for replacing sedentary time with physical activities[J]. American Journal of Preventive Medicine, 2019, 56(5): 736-741.

[91] Cardoso D, Painho M, Roquette R. A geographically weighted regression approach to investigate air pollution effect on lung cancer: A case study in Portugal[J]. Geospatial Health, 2019, 14(1): 35-45.

［92］Crouse D L，Pinault L，Balram A，et al. Complex relationships between greenness，air pollution，and mortality in a population-based Canadian cohort［J］. Environment International，2019，128：292-300.

［93］Danneberg A L，Frumkin H，MPH，et al. Making healthy places：designing and building for health，well-being，and sustainability［M］.Washington D C：Island Press，2011.

［94］Witterseh T，Wyon D P，Clausen G. The effects of moderate heat stress and open-plan office noise distraction on SBS symptoms and on the performance of office work［J］. Indoor Air，2004，14（s8）：30-40.

［95］Redlich C A，Sparer J，Cullen M R. Sick-building syndrome［J］. The Lancet，1997，349（9057）：1013-1016.

［96］陈海粟，于一凡.以健康城市为导向的城市空间设计研究：基于英国、法国和美国的经验［C］// 2016中国城市规划年会，中国辽宁沈阳，2016.

［97］Handy S，Cao X Y，Mokhtarian P L. Self-selection in the relationship between the built environment and walking：empirical evidence from northern California［J］. Journal of the American Planning Association，2006，72（1）：55-74.

［98］Lathey V，Guhathakurta S，Aggarwal R M. The impact of subregional variations in urban sprawl on the prevalence of obesity and related morbidity［J］. Journal of Planning Education and Research，2009，29（2）：127-141.

［99］Liu M G，Cheng Z Y. The research on healthy city planning based on GIS［J］. Applied Mechanics and Materials，2015，730：77-80.

［100］Tahara Y，Morito N，Nishimiya H，et al. Evaluation of environmental and physiological factors of a whole ceiling-type air conditioner using a salivary biomarker［J］. Building and Environment，2009，44（6）：1156-1161.

［101］Lai P C，Mak A S H. GIS for health and the environment development in the Asian-pacific region［M］. Berlin，Heidelberg：Springer，2007.

［102］李煜，王岳颐.城市设计中健康影响评估（HIA）方法的应用：以亚特兰大公园链为例［J］.城市设计，2016（06）：80-87.

［103］Forsyth A，Lotterback C S，Krizek K，等.健康影响评估（HIA）对于规划师来说，有用的工具是什么？［J］.城市规划学刊，2015（5）：119-120.

第2章　健康人居的基础理论分析

人们很早就认识到,人居环境与人的健康关系极大。成书于先秦时期的中国中医典籍《黄帝内经·素问》卷十二《异法方宜论》认为(疾病发生是)"地势使然也","故治所以异而病皆愈者,得病之情,知治之大体也"。[1]同一时期,公元前400年,古希腊医生希波克拉底在其著作《论风、水和地方》也提到:"土地的性质同化了居民的体格和特征。"[2]他认为人居环境,包括气候、土壤、水和生活方式及营养是导致人们健康或生病的主要原因,这是关于健康人居最早也是最重要的思想。

健康人居的相关研究具有交叉性、综合性的特点,涉及人居环境与公共健康领域内的多个交叉学科,例如建筑学、城乡规划学、风景园林学、流行病学、预防医学、医学地理学、医学社会学、心理学等,具有研究主体多、研究背景交叉、研究方向片段化、分散化的特点。

2.1　健康人居的历史

由于健康人居涉及人居环境和公共健康框架内的多个交叉学科,例如临床医学、预防医学、流行病学、心理学以及环境学、建筑学、城乡规划、风景园林等诸多学科,此处以公共健康与人居环境的交叉研究为框架,分别从"公共健康领域"和"健康人居领域"两个角度梳理健康人居的历史发展过程。

2.1.1　公共健康领域的探索

1)远古年代:崇神迷信阶段

古代东方和西方都经历了巫医不分、崇神迷信的阶段,原始人类对自然的认识极其有限,无法认识自身。原始社会生产力低下,人类出于对无法控制的大自然的恐惧和想象,创造了图腾崇拜的原始宗教,例如崇拜火神和太阳神。原始的认知认为万物皆有灵,生命是神祇和上帝赐予的,灾祸和疾病是神灵给予不听话人的惩罚。既然是神灵的惩罚,自然而然生病要向神灵祈祷,求神问卜就能治病。恩格斯1888年在《路德维希·费尔巴哈和德国古典哲学的终结》一文总结道:"在远古时代,人们还不完全知道自己身体的构造,并且受梦中景象的影响,于是就产生了一种观念:他们的思维和感觉不是他们身体的活动,而是一种独特的、寓于这个身体当中而在人死亡之时就离开身体的灵魂活动"。[3]中国古代典籍《论语·子路》中也有"人而无恒,不可以作巫医"。这句话本来意思是说人要是没有恒心,连巫医都做不了,但却让我们了解到在古代中国,巫、医同源的时代信息。

从殷墟发掘所见,甲骨文是镌刻或写在龟甲和兽骨上的文字,主要用于记录日常的占卜行为,也用于记事(图2-1左)。上自国家大事,下至私人生活,如祭祀、农事、战事、田猎,乃至婚姻、出行、生病等等,都需卜上一卦作为行事指南。据史料记载,元、明两代太医院都有"祝由科",即巫医的办公场所,从官方层面认定了巫医的合法地位。巫医治病,从形式上看是用巫术营造一种神秘气氛,晚清小说《二十年目睹之怪现状》第三一回:"那祝由科代人治病,不用吃药,只画两道符就好了。"今天认为,巫医作法的神秘和气氛渲染或许对患者有安慰、精神支持的心理作用,不过真正起疗病作用的还是中药药物或技术性治疗。

古代西方人生病也是向上帝或神灵祈祷以求痊愈,中世纪,教会将猫咪视为魔鬼的化身、女巫的帮凶,鼓励人们大量捕杀猫,结果反而造成了鼠类过度繁殖(图2-1右),加剧了14世纪黑死病(鼠疫)的大流行。1347年之后的短短几年里,超过2 400万人染病死亡。

图2-1 古代的巫医同源现象

左:殷墟发掘用来占卜的龟甲　　　右:1799年蚀刻版画《恶女巫和猫》(马未都藏)

资料来源:网络

2）从古代到近代：朴素的经验主义阶段

大约在公元前几百年，古代东、西方相继出现了朴素的唯物自然观和经验的医学理论。早期的中医学理论包括了阴阳、五行学说以及疾病预防思想等等。中国人认为，世界是一个整体（道生一），这个整体的世界包含阴、阳两个相互对立又能够相互转化，即对立统一的两个方面。自然界一切事物的发生、发展、变化及消亡都可以归结为阴阳的对立统一运动，《素问·阴阳应象大论》中说："阴阳者，天地之道也，万物之纲纪，变化之父母，生杀之本始。"就是说阴阳矛盾的对立统一运动是自然界一切事物运动变化固有的规律。

所谓五行，指的是金、木、水、火、土。五行学说在阴阳的基础上又将万物分别归属于金、木、水、火、土五种基本元素，这五种基本元素之间存在着生、克、乘、侮四种关系。用辩证法和系统论的观点来看，五行的相生、相克可以用来解释事物之间的普遍联系，而五行的相乘、相侮则可以认为是平衡被打破之后经过自组织和涌现重新获得平衡的过程（图 2-2）。

图 2-2　中国传统文化中的阴阳、五行

资料来源：网络

中医理论应用阴阳和五行经络学说解释人体的生理功能，中医典籍《黄帝内经·素问》说道"阴平阳秘，精神乃治"，五行的金、木、水、火、土与人体相应部位对应，五行若生克适度则生命健康。

无独有偶，公元前 400 年古希腊著名医生希波克拉底[①]提出了著名的"四体液"假说，他认为宇宙和人类机体都是由火、水、土、气四种元素组成的，这四种元素对应于人体的血液、黏液、黑胆汁、黄胆汁这四种体液。希波克拉底在他的文集中提到"每一种病症都是由一种特殊的东西所引起的，当这种东西转化为其他结合物时，病症便消失了"。人们有不同的体

---

① 希波克拉底（Hippcrates，公元前 460-前 377），被西方尊为"医学之父"的古希腊著名医生，欧洲医学奠基人，至今医学专业大学生入学伊始都要将学习和背诵《希波克拉底誓言》作为入学第一课。

质来自这四种体液的不同配比,四种液体平衡,表示人很健康;四种体液失去平衡就会导致人体生病。希波克拉底的理论直到19世纪仍有市场。

17世纪以前,全球绝大多数人口的预期寿命较低,差异不大。生产力低下、科技不发达的前工业时代,东方、西方都有一个认为"瘴气"(Miasma, Malaria)致病的阶段。由于传染病的发生地大都环境污浊,气味难闻,人们认为其病因是污浊之气,也称"瘴气"。公元前116年,古希腊医生认为沼泽地区的空气中存在有许多微小的生物(瘴气),它们能入侵人的鼻腔直至全身进而引发疾病。从古罗马一直到十九世纪的医生在论述传染病时,都认为其主要原因是"瘴气"(图2-3)。这种看法我国古代也有,《后汉书·南蛮传》记载:"南州水土温暑,加有瘴气,致死者十必四五。"古代医生也认为"南方岚湿不常,人受其邪而致病"。[4]

图 2-3　西方医学之父希波克拉底和 19 世纪的"瘴气"形象

19世纪上半叶,城市卫生运动蓬勃兴起,"瘴气说"成了应对城市健康挑战的主流理论。人们认为,来自空气、水和土壤的污染以及过度拥挤是造成死亡和发病的主要原因,当时英国公共健康运动的代表人物查德威克和威廉·法尔(William Farr)都相信"瘴气"学说,认为当时肆虐欧洲的霍乱是由"瘴气"经呼吸道传染的。

在那个时代,公共健康和城乡规划有着相同的目标,都试图解决当时的人口拥挤和卫生状况恶化问题。欧洲和美国的城乡规划和公共健康专业人员步调一致,提出了重建城市、清洁城市、预防疾病的倡议。这些措施包括封闭开放的城市排水和下水道系统、垃圾系统化处理、建造公共浴池,以及为控制"瘴气"而在居民区设计和建造了大量的公园和操场。这在某种程度上成功地带来了健康和卫生方面的重大改进,特别是在控制麻风病和天花方面卓有成效。

3)现代:生物医学阶段

世界卫生组织将人均预期寿命开始增长的时期称之为"健康转型(Health Transition),

第一次健康转型开始于19世纪工业革命时期，主要是文明的启蒙和技术进步带来的生产力的极大提高使得人们的生活水平和卫生条件得到改善。

16世纪以前，传染病是导致当时世界总人口急剧锐减、增长缓慢的主要原因，其中以鼠疫、麻风和梅毒为害最烈。麻风在13世纪最为猖獗，在欧洲平均每400人就有一名患者（图2-4）。民间有句俗语："孩子出过疹和痘，才算解了阎王扣。"这里的"痘"指天花，"疹"就是指麻疹。天花曾经席卷整个欧洲，扼杀无数鲜活生命。后来人类发明了对抗传染性疾病的有效武器，英国医生爱德华·琴纳（Edward Jenner）于1798年发明了天花疫苗——牛痘。战胜天花是人类预防医学史上最伟大的事件之一。

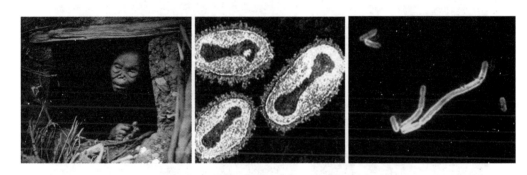

图 2-4　16世纪以前传染病是威胁人类健康的大敌
（图从左至右依次为麻风病人、天花杆菌、鼠疫杆菌）

目前普遍将英国医生哈维1628年发现血液循环作为近代医学的起点，现代医学从似是而非的混沌开始走向以解剖学和实验为基础的科学实证阶段并获得了极大发展，为全人类的公共健康作出了巨大的贡献。进入19世纪以后，随着工业化大生产的发展，自然科学的三大发现：细胞学说、能量守恒与转化定律、达尔文进化论促使医学有了更大的进步。

科学技术的进步在人类健康转型和预期寿命提高的过程中起到了至关重要的作用，其中影响最为深远的就是疫苗和抗生素的发明。人类利用疫苗消灭了天花，制伏了霍乱，控制了百日咳、白喉、破伤风、乙肝等多种疾病。疫苗可以说是人类战胜疾病的制胜法宝，也可以说疫苗以极其低廉的代价使得易感人群获得群体免疫力，最终让某种疾病从地球上消失。

19世纪40年代，英国医生巴德、法国科学家巴斯德和德国科学家罗伯特·科赫等人发现了细菌，并依靠严格的病理实验证明了它们与疾病的因果关系，创立了细菌理论（图2-5）。细菌理论成为这一时期人类应对疾病的法宝，关于各类疾病的病因、病理被逐步揭示。现代实验医学认为每种疾病都可以在器官、细胞或生物分子水平上找到可以测量的形态和化学改变，都可以最终锁定疾病的特定生物和理化原因，可能是细菌、病毒，也可能是其他暴露。

依据细菌理论，人们可以完美地解释各种病菌性传染病，例如天花、结核、伤寒、霍乱，并使上述疾病得到很好的控制。生物医学模式可以简单地解释为病原—细胞—组织结构—疾病,从方法论的角度来说,生物医学从还原论的角度来理解生命和健康。但生物医学的局限在于它认为病因是单一的病原,尽管它能准确解释一些传染病,但它无法解释为什么有些人更容易受到某种疾病的影响,而另一些人却没有。生物医学也没有考虑其他同样重要的因素,特别是个人的行为因素和社会因素。对于非病原性的流行疾病,尤其是当疾病未激活处于潜伏期的时候,例如面对由于营养缺乏和职业暴露引起的疾病时,细菌理论就无能为力了。

 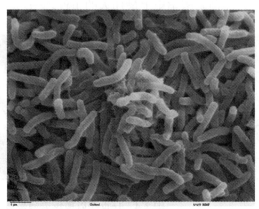

图 2-5　路易斯·巴斯德和电子显微镜下的霍乱弧菌

1953年,剑桥大学的沃森(J. Watson)和克里克(F. Crick)发现了DNA的双螺旋结构,开启了分子生物学时代。这一发现对生命科学的意义,也许可以和二十世纪初量子理论的发现对物理科学的意义相比拟。遗传法则、RNA逆转录以及各种检验、诊断和治疗技术层出不穷,分子生物学异军突起,日新月异,从CT到核磁共振,从微创手术到介入治疗等医学技术的创新,极大地提高和加深了人们对生命现象本质的认识,科学家开始从分子或基因的水平研究疾病病因,对流行病的分布和影响因素的认识有了极大的提高。在分子流行病学的帮助下,公共健康的研究开始走向对疾病病因的探讨及病因机制的研究,从模糊走向精确。

传统医学在疾病预防和控制方面立下了汗马功劳,但却难以解释疾病发生和流行的机制,就像是一个"黑匣子"[①],黑匣子是一个内部不透明的单元,只知道行为导致的结果,对导致结果的病因机制的了解却很有限。例如吸烟可以导致肺癌,但无法解释吸烟与肺癌之间的关联机制。分子流行病学则可以补足这部分短板,通过检测生物暴露标志(吸烟产生的致癌物:血清可替宁或者尿液中的NNAL含量)、人群易感标志(和尼古丁代谢能力相关的

---

① 此处"黑匣子"类似于系统理论中的黑箱,西方俚语中也有类似说法("中国盒子"),是指对特定的系统开展研究时,把系统作为一个看不透的黑色箱子,研究中不涉及系统内部的结构和相互关系,仅从其输入、输出的特点了解该系统规律。

GSTM1 遗传缺陷)以及患病标志(细胞学或遗传学的改变、基因表达异常等),形成暴露+易感性 ⟶ 结果(疾病)之间的完整证据链。

然而,一些学者批评分子流行病学从分子水平上解释疾病机制,是形而上学。随机临床试验、测量暴露和生物标志物的办法,过于注重疾病的生物因素,和机械唯物论(还原论)思想一脉相承,忽视了社会、心理、行为等因素,特别是疾病的空间影响因素对人群健康的影响。尽管如此,分子流行病学通过识别和检测生物标志,克服以往流行病学研究知其然而不知其所以然的"黑匣子"的弱点,作为解释慢性病的空间影响机制的工具之一。[5-6]

4)当代:综合健康阶段

20世纪中叶,随着社会、经济的发展和医学研究的深入,加拿大政府1974年发布拉隆德报告《加拿大人的健康新观点》,认为现代社会中的很多慢性疾病不能仅用生物因素来解释,例如现代社会常见的心脑血管疾病等慢性病以及心理和精神疾病。[7]拉隆德报告首次确认人居环境是健康的重要因素之一。1974年加州大学伯克利分校亨里克·布鲁姆(Henrik L. Blum)在《健康规划:社会变化的理论发展和应用》中提出了"环境健康医学模式"(Environment Health Model),首次将环境因素考虑进来,认为健康的主要影响因素为生物遗传、行为生活方式、环境、卫生服务因素;环境因素包括自然和社会环境,特别是社会环境对健康有重大影响。[8-9]在此基础上美国罗切斯特大学恩格尔教授(George L.Engle)1977年在《科学》杂志发表《需要一个新的医学模式:对生物医学的挑战》,批评了生物医学模式(Biomedical Model)的重大缺陷:"这一模式假定疾病可以利用可测量的生物学标志的异常(对疾病)进行完全的解释。在它的构架内没有为病患的社会、心理和行为维度留下空间。"[10]他指出生物医学模式忽视了社会、心理的维度,不能解释并解决所有的医学问题,由此恩格尔提出了应当从生物医学模式向"生物—心理—社会医学模式"(Bio-Psycho-Social Model,又称身心医学模式)(图2-6)转变。世界卫生组织也于1994年适时修改了健康新概念:"健康不仅仅是没有疾病或疼痛,而是包括身体、心理和社会(适应)方面的完好状态。"

5)面向未来的健康系统解决方案

"生物—心理—社会医学模式"虽说也存在一定的认识局限,但它是第一个将心理因素、社会因素提到与生理因素同等地位的整体医学观,认识到疾病的一果多因、多因多果的病因机制,为以观察和实验为基础的现代医学奠定了基础,从此以后现代医学对疾病的诊断治疗深入到了个体的生理、心理和人体结构层面,对疾病的病因解释也获得了巨大成功,为人类控制疾病起到了卓著功效,并且仍将是未来医学模式的基础。但生物医学模式方法论的基础还是机械还原论,只见物质不见人,将人看作是纯生理的对象,没能理解生命活动的多元、多样和复杂性,忽略了人的主观能动性,以及社会环境因素对身体健康的影响;只见树木不见森林,只从疾病的结果出发,没有认识到人体生理机制和患病机制的复杂性、多元

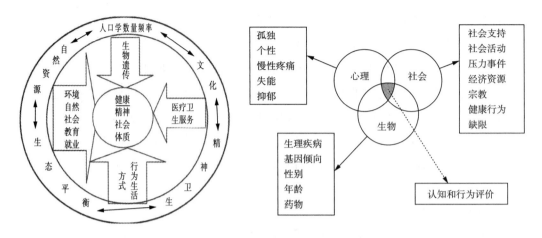

图 2-6　生物 - 心理 - 社会和环境健康医学模式

性和时间效应。

20世纪初，以生物学为基础的现代医学在与疾病的斗争中，取得了历史性的胜利，大多数的烈性传染病都已被消灭或控制。疫苗和抗生素的发明和广泛应用给人类健康带来了重大转型，即"人口转型"（Demographic Transition）"和"疾病转型"（Epidemiological Transition）。人口转型是指高出生率、高死亡率向低出生率、低死亡率转变的过程，人口增长趋于稳定。疾病转型是疾病类型从传染病转向慢性非传染性疾病为主要疾病的过渡现象，由于人口转型使得人类预期寿命不断增加，慢性非传染疾病更具有成年至老年为多的特征。各种慢性疾病是影响人类健康和生活质量的主要因素，这也是老龄化社会给当代中国带来的重大挑战。

20世纪末至今短短二三十年，慢性病已成为人类健康的主要杀手。目前不论是在发达国家还是在发展中国家，造成居民死亡的非传染性疾病主要集中在恶性肿瘤、心脑血管疾病、呼吸/代谢/神经系统疾病等。值得关注的是，中国在恶性肿瘤、心脑血管疾病、呼吸系统疾病方面的死亡比例都超过了美国。美国的数据表明，过去三十几年，因阿尔兹海默病死亡的人数在快速增加。

Cutler D等在总结美国20世纪医疗进展时写道："仅有11%的死亡是由传染病导致，相反，64%的死亡是由慢性病导致。"[11]世界卫生组织认为，只有20%的慢性病死亡发生在高收入国家，而其余80%都发生在人口更多的低收入和中等收入国家。慢性病是导致全球主要国家医疗费用迅速增长的主要原因。中国今后10年由于心脏病、中风和糖尿病导致过早死亡而将损失的国民收入数额估计值（按购买力平价计算）为5 580亿美元（图2-7）。预防慢性病对中国来说，是一项至关重要的投资。[12]

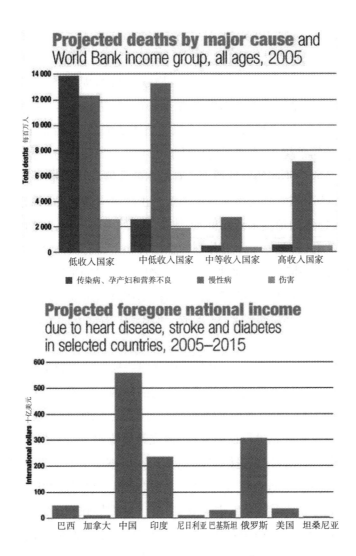

图 2-7 不同收入国家人口死亡原因（上）和因慢性病损失的国民收入估计值（下）

资料来源：WHO.慢性病和健康促进. https://www.who.int/chp/chronic_disease_report/part1/zh/index2.html

　　现代医学在投入了大量的人力、物力、财力并付出了惨痛的代价之后，发现对慢性病，包括心脑血管病、恶性肿瘤和呼吸系统慢性病的治疗效果并不好，并且传染性疾病的威胁仍然存在，特别是那些还没有研制出疫苗的疾病，例如艾滋病、疟疾、丙型肝炎等。2019年爆发的新型冠状病毒肺炎COVID-19疫情和2014年非洲爆发的埃博拉疫情，都成为世界性的健康威胁。此外，现代医学对于癌症也是一筹莫展，手术、放化疗等创伤性治疗方式在消灭肿瘤细胞的同时也杀灭了机体的免疫能力，"杀敌一千，自损八百"。药物滥用也给患者带来了一定的毒副作用和不良反应。这说明以疾病为中心的现代医学模式并不是万能的，它过多地关注了引起疾病的细菌、病毒等生物学因素，忽视了人类自我保护机制和个体的免疫能力，以疾病为中心的现代医学模式遇到了挑战。世界卫生组织提出："二十一世纪不应该继续以疾病为主要研究对象，而应该把人的健康作为医学的研究方向。"

20世纪40年代开始，美籍奥地利理论生物学家贝塔朗菲（L. V. Bertalanffy, 1901—1972）对文艺复兴时期以来统治西方思想界的机械还原论进行了全面批判，提出了一般系统论。系统论的核心思想是将世界看作一个有机的整体系统，贝塔朗菲强调，系统并不等于各个部分的机械组合或简单相加，系统的整体功能也不等于各部分的功能简单相加的结果，而是会涌现出与各部分完全不同的新性质。[13]有机体的功能和性质绝不等于碳氢氧的分子性质相加，生物医学对于生机勃勃的生命现象无法真正理解。因此，贝塔朗菲创立了系统生物学，强调从人体系统整体的角度来认知世界，他认为：（1）生物有机体的整体属性并不等于它各组成部分的属性之和，而是一个不可分割的整体；（2）生物有机体是一个开放系统，它通过自组织、涌现等机制与环境进行交换来保持动态物质、能量的平衡；（3）生物有机体系统具有层次，低层级系统之间通过一定的相互关联和作用构成高层级系统，高层级系统通过这种相互作用再向上演化成更高层级的系统，形成类似于"中国盒子"（Chinese Box）①式的等级系统。

今天人们普遍都接受了系统健康的概念，即任何一种单独的健康风险因素，无论是分子层面的因素还是社会层面的因素，都无法解释疾病的病因。学者罗伯特·阿德（Robert Ader）认为，必须采用一种整体性观点考虑系统内部不同生物、心理、社会层级之间的联系，并据此设计研究策略。对这种联系进行试验分析，研究策略应规范、严谨，并且要明确科学的方法。[14]社会流行病学专家南希·克里格（Nancy Krieger）则提出了生态—社会流行病学理论（Eco-social Epidemiologic Theory）。她将其定义为"拥抱人群层面的思考，拒绝生物医学个人主义的基本假设，同时又不抛弃生物学范式"[15]，她把导致疾病的社会和生物学因素比喻成为两个"时空关系网络"，由于互相关联的多层次因素的复杂相互作用，健康和疾病在空间和时间中自我演化。Susser M.和Susser E.也提出了生态流行病学范式（Eco-epidemiologic Paradigm），包括宏观、中观和微观层面的健康和疾病机制，每个层次都被描述为一个与其他层面相互关联和相互作用的独特系统，系统内部和系统之间的关系受到社会、空间和生物学的限制。[16]这一理论已被用作解释艾滋病（HIV）和消化性溃疡。

这也是本书所提出的"健康位"概念所依据的学术背景（详见3.1节）。未来的医学模式必然是综合性、系统性的大健康医学模式，主要的出发点是预防，即从治已病到治未病，从以疾病为中心转向以人的健康为中心，关注健康的所有影响因素，例如个人的生活方式、健康暴露风险乃至社会、家庭、环境等各方面。

---

① 西方谚语"中国盒子"（Chinese Box）即一层套一层，盒子里面还有盒子，当打开第一个盒子之后，就会好奇地打开第二个盒子，这样不停地循环下去，好奇心也会越来越强，直到最后的盒子被打开。"中国盒子"引申为一层套一层，并且无法从外部看清内部运作机制的未知的神秘的情形。

2.1.2 规划领域的探索：从花园城市到广亩城市

如前所述,虽然城乡规划最初的主要目的是解决和面对城市的公共健康问题,但健康城市规划相比公共健康学科,其理论研究的短板展现无遗:偏于城市设计和城市管理的实践,未有系统的理论和清晰的学科边界。

健康人居理论早期的开拓性的研究可以回溯到 17 世纪,约翰·格兰特(John Grant)报告了伦敦因鼠疫死亡的社会分布情况,威廉·法尔(William Farr)对伦敦霍乱的研究证实了建筑质量、空气质量和住宅高度是伦敦各区死亡率存在显著差异的重要因素。约翰·斯诺(John Snow)1854年9月绘制了伦敦霍乱死亡的空间分布图,这是迄今为止空间流行病学领域的一项开创性的经典研究。直到19世纪初,欧洲的城市都被认为是不健康的,以至于曾经有一个形容词叫"城市的惩罚",城市被认为是不健康的地方,其死亡率始终高于毗邻的农村地区。

19世纪末源自英国的工业革命使得乡村人口大量涌入城市,城市基础设施不堪重负,卫生状况急剧恶化,疫病横行。纽约市人口1800年到1900年从4万人增长到约450万人,糟糕的污水排放系统导致结核、霍乱和黄热病等传染病疫情反复发作。1810—1856年,纽约市的死亡率翻了一番(图2-8)。

图 2-8 工业革命时期肮脏的新泽西州纽瓦克街道

资料来源:纽约市立图书馆

普遍认为,1848年英国颁布的世界上第一部公共健康法是现代城乡规划学科的开端,

该法案试图通过控制街道宽度、建筑高度和空间布局来
改善城市环境与公共健康状况。而英国的城乡规划事务
也一直由卫生部管理,直到1942年才成立独立的规划管
理部门。可以说,现代城乡规划的滥觞①源于公共健康。

　　"健康城市"的源头可以追溯到1876年,英国医生沃
得·理查森(B. Ward Richardson)发表《海杰亚:健康之城》
一书(图2-9),构想了一个叫海杰亚(希腊神话中的卫生
女神)的"健康城市",书中写道:海杰亚的人口密度极低,
拥有地铁和宽阔的林荫大道,有完善的下水道设施和宽
阔的人行道,3-4层的住宅掩映于绿树之中充满阳光,没
有肮脏的垃圾和贫民窟。该书还详细描述了健康的建筑
设计,讨论了住宅厨房和烟道的布置方式。

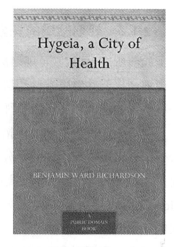

图 2-9　《海杰亚:健康之城》封面

资料来源:网络,www.Amazon.com

　　现代城乡规划理论的奠基之作——"花园城市"理
论也来自对公共健康的关注,埃比尼泽·霍华德(Ebenezer
Howard,图2-10)1878年出版了《明日之田园城市》一书
(图2-11),提出一种将城区和公园交错布置的方式,目的
是减少传染性疾病流行。[17]"花园城市"是规划师试图通
过设计来改善城市生活和居民健康的努力。英国城市莱
奇沃思、韦林加登就是这一思想的产物,我国科学家钱学
森提出的"山水城市"构想也受到了这一理论的启发。

　　19世纪中叶乔治·欧仁·奥斯曼(Georges Eugène
Haussmann)被法兰西第二帝国皇帝拿破仑三世任命为巴
黎城市总管。针对巴黎当时交通拥堵、住房拥挤、环境恶
化、疫病横行的状况,奥斯曼对巴黎城市进行了大刀阔斧

图 2-10　霍华德

的改造,改善了城市道路系统,缓解了城市拥堵、道路交通秩序紊乱的问题,推动了巴黎公
共基础设施的建设(图2-12,图2-13)。

　　1857年纽约中央公园的建设开启了从城市建设角度应对疾病肆虐的新纪元,占地5 000
多亩的中央公园则是在城市卫生运动的背景下诞生的一个旷世计划。1853年纽约州议会
决定将寸土寸金、大楼耸立的曼哈顿正中的2.8平方公里土地划为永久性公园用地,1873年
中央公园建成。中央公园占地达5 000多亩(约341公顷),1962年中央公园被美国内政部确
定为国家历史名胜。在一百多年的时间里,纽约中央公园深刻地影响了这个城市,以及人与

---

　　①　滥觞,本谓江河发源之处水极浅小,仅能浮起酒杯,后比喻事物的起源、发端。出自《孔子家语·三恕》:
"夫江出于岷山,其源可以滥觞。"

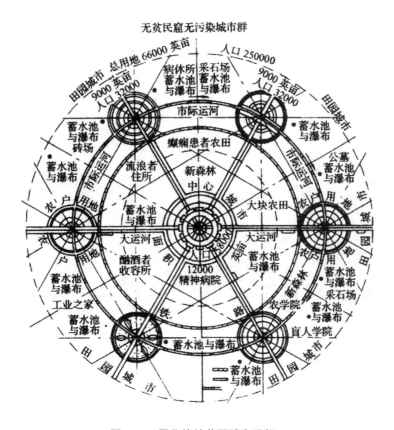

图 2-11　霍华德的花园城市设想

资料来源:霍华德《明日之田园城市》

图 2-12　乔治·欧仁·奥斯曼(左)和改造前的巴黎街道(右)

城市的关系,每年有来自世界各地约 3 000 万游客前来位于曼哈顿的中央公园参观游览。现在这座公园与自由女神、帝国大厦等一起成了纽约乃至美国的象征(图 2-14)。

图 2-13　现代巴黎是世界上最美城市之一

资料来源：网络

图 2-14　占地 341 公顷的纽约中央公园

资料来源：网络

　　19世纪后期，细菌理论在临床和科研上获得了巨大成功，公共健康逐渐和城市管理、工程领域脱离，转向了高度专业化的临床医学，而城乡规划也不再关注健康，蜕变为专注于空间形态（城市设计）、社会发展（城市管理）的政府部门，公共健康和城乡规划就此分道扬镳。

英国的情况略有不同,其城乡规划管理职能直到1943年成立城乡规划部之前都是由卫生部管辖。

1909年英国颁布了城乡规划史上第一部规划法律——《住房、城镇规划法案》,致力于促进身体健康,营造卫生的人居环境。20世纪初,随着工业化的推进和城市的扩张,经济和社会面貌发生了巨大的变化,城乡规划最终成为一个正式的学科。世界上第一个城乡规划专业——利物浦大学城市设计系1909年成立于英国。可以看出,对公共健康的关注,是推动现代城乡规划早期发展的一个核心动力。

霍华德的花园城市理想首先由建筑师雷蒙德·欧文和巴里·帕克在英国伦敦远郊的莱奇沃思(Letchworth,人口35 000人)和韦林加登(Welwyn Garden,人口10 000人)实现。这个时代的另一个经典成就是20世纪20年代制定的纽约分区法案(Zone Law),美国规划师克拉伦斯·佩里提出了"邻里单元"理论,即按照学校等基础设施来划分居住单元,以避免孩童穿过交通干道,这就是今天仍然在使用的社区和邻里的理论来源。社区除了在管理上的考虑之外,也是基本的卫生与健康空间单元。

20世纪20年代在美国霍华德的思想也被满怀激情地采纳,美国建筑师弗兰克·赖特主张大城市非中心化、稀疏化,提出了一种以低密度居住为特征的分散式规划方法,也叫广亩城市(Broadacre City)。这种理论形成了今天美国大部分地区低密度的郊区规划形式,尽管低密度对健康有积极的影响,但是城市低密度蔓延(Urban Sprawl)后来也被发现存在一些负面的健康影响,例如低密度城市缺乏身体活动导致的肥胖和心脑血管疾病。[18-19]

2.1.3　战后的健康人居理论及实践

1)理论探索

城市规划与公共健康分开后,两者在实践中很少有交叉,然而理论界的情况却有所不同。早在20世纪40年代,麻省理工学院的规划专业就在培养计划中开设了公共健康的相关课程。从20世纪60年代起,一批规划学者开始反思现代城乡规划模式下的健康问题。哈佛大学城市设计学院和其创办的《人居环境科学》(Ekistics)杂志成为城乡规划与公共健康学科交流的重要平台。1961年,记者出身的简·雅各布斯出版了《美国大城市的生与死》一书,严厉批评了现代主义城乡规划过分注重严整和效率,忽视人的复杂性,认为高密度的开发有害健康,主张街道要适宜步行。[20]1966年,美国国会通过了《全民健康规划法案》,提出全民健康不能仅仅依靠卫生医疗,必须与城乡规划进行整合,同年开始委托麻省理工学院和哈佛大学开展"健康城市"研究,为健康城市提供了理论准备。1968年拥有精神科医生背景的Leonard J. Duhl受聘于规划专业名校——加州大学伯克利分校,招收跨学科的公共健康和城乡规划联合培养硕士,标志着学术界对这两大学科重新同行的正式认可。

1974年加拿大政府发表拉隆德①（Lalonde）报告，报告的正式标题为《加拿大人健康的新观点》。它提出了"健康领域（Health Field）"的概念，确定了公共健康的两个主要目标：医疗保健服务和疾病预防。该报告认为人的健康取决于城市人居环境（物质空间和社会环境）、生活方式、生理因素和健康服务水平（图2-15），这是国际上第一次确认人居环境是健康的影响因素之一。[7]

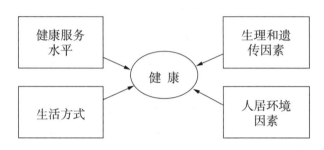

图 2-15　拉隆德报告提出的"健康四要素"

资料来源：自绘

拉隆德报告发表10年之后，加拿大医生 T. Hancok 敏锐地意识到健康城市的春天正在来到，提出了健康人居的"曼陀罗"系统模型，该模型将健康人居作为一个系统考虑，认为健康由物质环境、个人行为、生理和心理—社会—经济环境决定，另外还取决于生活方式、工作和公共卫生系统。[21]

1991年 Whitehead 和 Dahlgren 在此基础上提出了健康的多因素模型，考虑了更加广泛的健康人居决定因素[22]，H. Barton 等人在此基础上提出了广为人知的"健康人居地图"模型[23]，阐明了人类住区的生态以及人居环境影响人们健康的方式，认为人们的生活方式受到人居环境的影响，反过来人居环境、社会和经济状态又会影响人们的健康和福祉（图2-16）。

随后 Whitehead 等人（1992）指出，除了遗传、生活方式和社会经济水平，环境是影响健康的关键因素。[24]Duhl 等人更进一步指出，卫生保健服务仅仅只占个人健康的10%，更为关键的健康影响因素是个人生活习惯和饮食习惯。

最近十多年来，规划领域对于健康特别是关于空间健康风险的研究显著增长，尽管人们尚未完全了解慢性疾病的成因和机理，但众多研究表明，除了先天基因外，慢性病与久坐、缺乏运动、过分依赖机动化出行以及大量进食不健康食物等"非积极生活方式"（Inactivity Lifestyle）密切相关。2011年国际科学理事会（ICSU）宣布有明确的证据显示部分疾病的发病率与城市空间因素之间存在显著关联。[25]缺乏身体活动不仅会导致慢性疾病，降低生活

①　马克·拉隆德（Marc Lalonde），加拿大自由党议员，1970—1972担任加拿大国家卫生和福利部长。他推动了《加拿大人健康的新观点》，即拉隆德报告的制定。

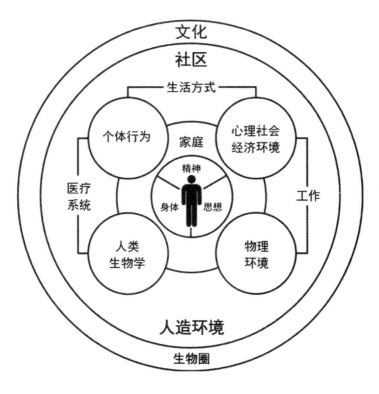

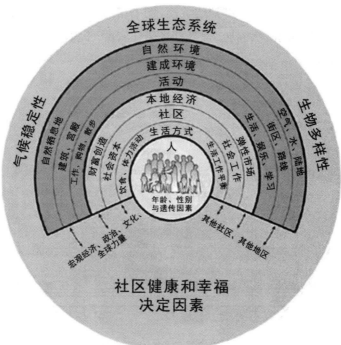

图 2-16　Whitehead（1991，上图）和 Barton 提出的健康地图（2012，下图）

资料译自：Whitehead. Policies and Strategies to Promote Social Equity in Health.

H. Barton. Urban Planning for Healthy Cities：A Review of the Progress of the European Healthy Cities Programme.

质量,甚至会缩短人的寿命。城市空间对身体活动具有影响是研究者们较早达成的共识。[26]

2)新城市主义

20世纪90年代前后,美国出现了一股城市规划和实践的新思潮——"新城市主义"。虽然新城市主义理论的出发点并不是健康人居,但新城市主义理论代表了规划和设计理论界对二战后以现代主义、功能主义为代表的城市建设的反思,其提出的一些诸如提倡紧凑用地、积极生活、重视公共交通、主张慢行交通等设计思想,暗合了以后的人居环境系统理论的一些原则,其代表人物是建筑和规划设计师彼得·卡尔索普(Peter Calthorpe)和伊丽莎白·莫莉(Elizabeth Moule)等人。

新城市主义认为,一系列城市问题的来源都是基于现代主义奉行的功能分隔、汽车主导,忽视社会意义和人文精神,漠视自然环境造成的,需要对以城市为核心的人居环境重新规划。他们认为以小汽车为主角的现代城市设计漠视人的价值,提倡适于步行的、紧凑的、丰富多样的社区。其理论包括两大核心:其一是Andres Duany和Elizabeth Zyberk夫妇提出的传统邻里开发理论(TND,Traditional Neighborhood Development),其二是Peter Calthorpe提出的公交导向开发理论(TOD,Transit-oriented Development)。

公交导向开发理论(TOD)(图2-17)其核心是以从城镇中心到城镇边缘步行五分钟距离的交通站点为中心,不需汽车即可到达学校、图书馆等公共设施,为人们提供步行、骑行等多种出行方式;提倡不同阶层混居,提高社区居住密度;提倡居住、商业和服务等多种功能的多用途混合用地。

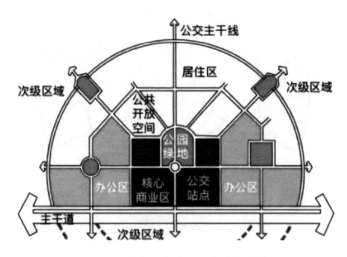

图 2-17　公交导向(TOD)发展模式

TND模式则强调绿地、广场等公共空间,主张"密路网、窄街道"的内部交通模式,规划较多的道路交叉节点以降低车速和鼓励步行交通。主张适度紧凑的土地利用,提高建筑密度,降低开发成本。新城市主义不仅有理论,而且进行了大量的设计实践。最著名的是占地约 486 亩(80 英亩)的"海滨城社区"。海滨城项目明显地改善了当地的生活品质与公众形象,收到了明显的社会效益(图 2-18)。[27]

新城市主义出现至今在美国本土的影响力仍然有限,尚未成为美国社区开发的主流模式。[28]但新城市主义首次正视"城市病",提出混合利用土地、提高居住密度、公共交通优先等针对性的措施,而且也没有局限于理论研究,而是积极通过设计实践实现主张,并推动市镇、州乃至联邦一级的公共政策的制定。新城市主义虽然其出发点并不是健康,但新城市主义所提倡的设计原则,包括土地混合利用、提高建筑密度、鼓励公共交通、营造适于步行的环境等设计原则和促进身体活动的城市空间设计,受到越来越多人的认可,一直延续下来成为健康城市的前奏和理论基础之一。

3)精明增长

另一个不得不提到的规划思潮是精明增长。21 世纪初,饱受城市蔓延之苦的美国规划理论界提出了"精明增长"(Smart Growth)的规划理念,通过提高土地使用集约度、土地功能混合度,限制城市增长边界,加强重建现有社区,重新开发废弃、污染的工业用地,提倡步行为主的多样化交通出行等方式,实现城市可持续发展目标。2000 年,美国规划协会牵头全美 60 家公共团体组成了"精明增长联盟"(Smart Growth America),通过鼓励、限制和保护措施,实现城市精明增长目标和经济、环境、社会的协调。

根据以上相关的时间线索,笔者整理制作了一份健康人居理论与实践的时间线索图(图 2-19)。

2.2　健康人居的相关理论

20 世纪 60 年代以来,以美国为代表的城市无序蔓延和慢性疾病成为健康人居需要面对的主要问题,城市空间与公共健康的关系问题再次进入公众视野,并随着世卫组织推动的"健康城市"计划在全球落地,相关研究不断涌现。总体来看,健康人居的理论基础主要来自两个方面,一个是以经中国学者吴良镛发扬光大的人居环境科学理论,一个是西方学者为代表的健康城市理论。

2.2.1　人居环境科学理论

人居环境科学理论其实并不新鲜,中国古代哲学一直都讲究"天人合一",认为人类聚居其本质是一个整体,需要全面、系统、综合地对人的聚居行为和聚居环境加以研究。

图 2-18　佛罗里达海滨城平面图

资料来源：谷歌地图

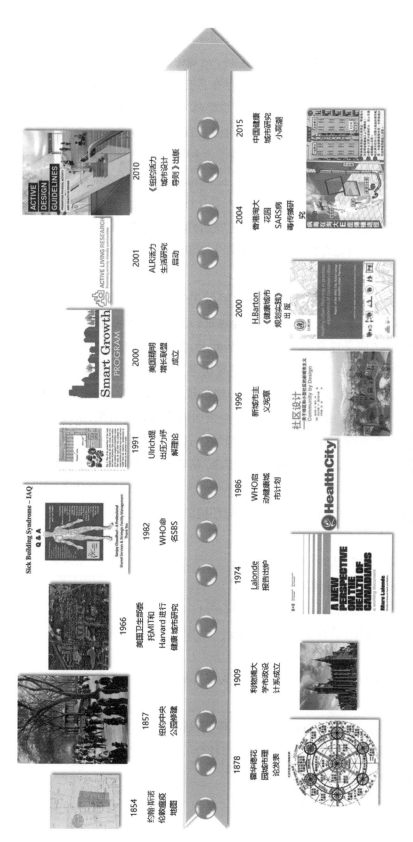

图 2-19　健康人居理论研究大事年表

资料来源：自绘

人居环境科学来源于希腊学者道萨迪亚斯创立的人类聚居学,又称城市居住规划学。道萨迪亚斯认为,现有研究人类居住环境的学科,例如建筑学、规划学、社会学、地理学等学科,都只是研究了人居环境某一方面的内容,存在各自为政,只见树木不见森林的弊端,因此需要进行整合。1950年,道萨迪亚斯创办了"雅典人类聚居学研究中心",1963年,他组织了首届人居问题国际讨论会,会后发表了"台劳斯宣言"。1968年道萨迪亚斯发表《人类聚居科学介绍》,提出"人类聚居学理论",涵盖了乡村、城镇、城市等各类人类居住形态,着眼点也不再局限于空间和形态研究,而是关注建筑、自然、人、社会以及全球生态系统。[29] 1976年联合国在加拿大温哥华市召开第一次人类住区国际会议(简称人居Ⅰ,HabitatⅠ),接受了人居的概念并在肯尼亚首都内罗毕成立"联合国人居署"(UN CHS)。20世纪下半叶,人居环境科学作为一门综合性的学科在国际上逐渐成形,在20世纪70年代非常活跃,并曾风靡一时。

1999年6月清华大学建筑与城市研究所吴良镛先生为在北京举行的国际建筑师协会第20届大会撰写《国际建协北京宪章》,提出融合建筑、地景和城市规划学科,植根于地方文化的多层次建构技术的"广义建筑学"。[30] 在此基础上,2001年吴良镛出版了《人居环境科学导论》一书,吸取希腊学者道萨迪亚斯的"人类聚居学"和系统论的整体观、系统观思想,吴良镛先生提出人居环境科学是"以建筑、园林、城市规划为核心学科,把人类聚居作为一个整体,涵盖乡村、城镇、城市三位一体的所有人类聚居形式为研究对象,从政治、社会、文化、经济、工程技术等多个方面,全面、系统、综合地加以研究,集中体现整体、统筹的思想,其目的是要了解、掌握人类聚居发生、发展的客观规律,从而更好地建设符合人类理想的聚居环境"。

吴先生认为,人居环境就内容而言,在人与环境的关系上可以分为"自然、人类、社会、居住、支撑"五大系统。

第一,自然系统:气候、土地、植物和水等;

第二,人类系统:表现为个体的人类聚居者;

第三,居住系统:住宅、社区设施与城市中心等;

第四,社会系统:文化、法律、意识形态等;

第五,支撑系统:住宅的基础设施。

在借鉴道氏理论的基础上,吴先生提出了人居环境可以分为"全球、区域、城市、社区、建筑"五大层次(图2-20)。

人居环境科学并不是一个学科,而是人居环境系统研究的学科群,以建筑、园林、城市规划为核心,与扩展到外围的生态、环境、心理、社会、经济、历史、地理等学科一起,构成一个开放的人居环境科学的学科体系(图2-21)。

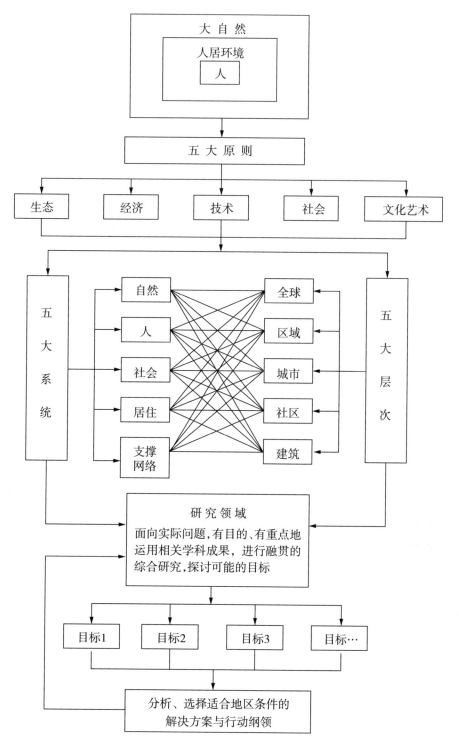

图 2-20 人居环境科学的研究框架

资料来源:吴良镛.人居环境科学导论

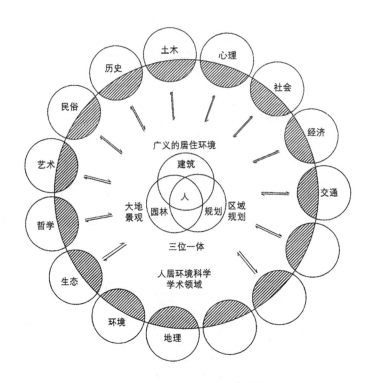

图 2-21　人居环境科学的学科体系

资料来源：吴良镛.人居环境科学导论

2.2.2　健康城市理论

根据笔者的归纳和总结，健康城市理论研究主要存在于三个载体，其一是身体活动（Physical Activity）①促进健康理论，其二是健康膳食地图（Urban Foodscape）理论，其三是恢复性环境（Restorative Environment，也被称作压力纾解）理论，下面分而述之。

1）身体活动促进健康

（1）身体活动

由于人居环境因素与健康人居之间联系微弱，很难以普通方法建立起线性的因果关系，身体活动促进健康是健康城市领域最早被确认的健康影响机制。根据 Sallis 等人的研究，通过改变街道和人行道设计、增加绿地和公园等方式促进积极的生活方式被认为是一种有效的干预措施[31-34]，并且得到了国际卫生机构（美国疾病控制与预防中心 CDC 以及世界卫生

---

①　身体活动（Physical Activity），国内文献很多翻译成"体力活动"，但其使用容易让大众联想到"体力劳动"和"体力工作"而产生歧义，国家卫计委疾病与预防控制中心专家认为翻译成"身体活动"比较合适，符合大陆的语言习惯，世界卫生组织中国网站（https：//www.who.int/countries/chn/zh/）的官方翻译也是"身体活动"，本书从之。

组织 WHO)等官方机构的认可。[35]

根据世卫组织的官方定义,身体活动(Physical Activity)指任何需要消耗能量且由骨骼肌肉产生的身体动作[36],身体活动与体力活动或者体育运动是有区别的,体力活动(包括家务劳动)、体育运动是身体活动的一部分,目的在于增进或维持身体素质。身体活动的涵盖范围较广,不仅包括体育运动和体力劳动,也包括步行、骑车等"慢行身体活动"。

（2）身体活动的城市空间因素

健康与身体活动,尤其是与以步行交通为主的身体活动有着极强的关联性。相关研究者认为,久坐(Sedentariness)、缺乏身体活动(Physical Inactivity)、依赖机动车出行、吸烟酗酒以及高热量、高脂肪饮食等生活方式是导致慢性病患病人数迅速增长的重要原因。[37-38]

影响身体活动的城市空间因素经过笔者整理,有下述几项:

① 土地混合利用度

Ewing 等人的研究发现,身体活动与土地混合利用度(Land Use Mixture, LUM)之间具有强烈的相关性。[39]例如,亚特兰大市的一项研究表明,用地混合度每增长四分之一,居民肥胖的可能性就会随之下降 12 个百分点。同时邻里空间的步行友好性与人均空气污染和温室气体的排放紧密相关,日常锻炼与环境质量的提升是相辅相成的。[40]据计算,每天仅骑行 15 分钟或 4 000 米来回(甚至比平均通勤距离更短),一年下来就足以燃烧相当于 4.54千克的脂肪。西澳大利亚大学人口健康学院学者麦克科马克(Gavin McCormack)通过对1 394 人的调查,以及利用地理信息系统分析(GIS)印证了混合用地有利于身体活动和体育锻炼的观点。[41]

② 密度

密度是另一个显著影响身体活动的因素,密度可以用人口密度来统计,也可以通过就业岗位来测算,但在以研究空间形态为主的建筑学科中,常常采用建筑密度、容积率等测度。密度较高意味着该区域的土地利用较为紧凑,有利于减少机动车出行,但过大的居住密度也会带来居住压抑感。Dunphy 等人认为,居住人口每平方千米超过 2 896 人时,步行和骑车在内的身体活动增加比较显著。[42]大量的学者研究均证实了这一判断。[43]

③ 公共交通密度

美国学者 A. 朗德尔(Andrew Rundle)等针对纽约居民慢性病患病比例与其公交系统之间的联系的一项研究指出,公交站和轨道交通站点密度能够显著影响社区居民的 BMI值。[44]同时,公交站点如果位于可达性高的节点位置,即道路四通八达时,该站点的利用率会大大提高。[45]

④ 道路网络连通度

道路网络连通性好,意味着该地区的公共服务设施体系完善,可达性好,品质也高,因此会增加步行、骑行等身体活动的概率[46],降低居民的 BMI 值和肥胖风险[47-48]。

⑤ 绿地与开放空间

一些研究发现了绿色植被与步行倾向之间的关联。如果人们在1至3千米范围内拥有绿色的环境（包括农业绿地和自然绿地），他们则具有更高的健康自我感知。[49]提尔特等人采用客观测量和自我评估的方式对目的地可达性及归一化植被指数（NDVI）对步行出行和体重指数（BMI）的影响进行了研究。通过卫星图像对受访者住宅1千米范围内的绿色景观区域进行测算，数据显示，居住在绿地高可达性和高NDVI值区域的受访者BMI较低。[50]

⑥ 美学与设计

在设计方面，城市空间的诸多设计因素中最受关注的是宜步指数（Walk Index，WI）。[38]宜步指数的定义和评测方法众多，主要有2个不同的研究方向，其一是从使用者角度出发的街道的吸引力，其二是从道路功能出发的街道的连通性。

（3）城市空间的客观测量

城市空间与健康人居的研究难点之一就是城市空间的客观测量，该领域的研究一直是学者关注的重点，其中最具有代表性的是Cervero和Kockelman等人基于美国人旅行需求与建成环境的关联研究提出的"D变量"测量法（1997）——著名的"3D"模型[51]，即将密度（Density）、多样性（Diversity）、设计（Design）作为度量城市空间的主要因素，目的地可达性（Destination Accessibility）随后进入框架并成为最重要的指标。[52]10年之后的2006年，Ewing又增补了公交换乘距离（Distance to Transit）[53]，得到目前获得学术界认可并广泛应用的5D模型。虽然该方法来自交通领域，最开始的目的是针对美国人的旅行需求，但却提出了一个将城市空间因素和设计、美感等主观感受量化的方法，在城市空间研究领域获得了极高的认可度。

客观地说，"D变量"主要关注的是城市形态要素，5D变量模型并不具备严谨而明确的边界，分析过程中存在彼此重叠的情形，但其贡献在于首次提出了较系统的城市空间测量指标，虽然粗糙，但目前尚无更加科学、有效的变量可以替代"D变量"的地位。其他还有Handy等提出的"5要素"[54]、Brownson等提出的"4要素"框架[39]和Frank提出的"3要素研究框架"[46]等，此处不再一一赘述。

由于城市空间的量化是个难题，国内学者关于健康的城市空间因素的量化研究目前尚不多见，值得一提的是华东师范大学孙斌栋教授基于中国家庭追踪调查（CFPS）数据对城市空间与居民超重的研究[55]，同济大学王兰教授从大气污染角度对城市空间与呼吸健康的研究[56-57]，香港大学姜斌副教授基于可恢复性环境理论对景观设计与健康的研究[58]。杨东峰等通过对大连市4个社区运用比较案例分析方法，初步识别超市分布对老年人身体活动有明显促进或制约作用的城市空间要素[59]，他更进一步的研究发现邻里建成环境的品质对老年人的休闲活动出行频率并不能起到有效的强化作用，土地利用多样、道路密度对增加老年人的休闲活动出行频率能够起到促进作用[60]。

2）健康膳食地图理论

（1）健康膳食的重要性

"养生之道，莫先于饮食。"[①]食物提供维持生命、生长发育和健康成长的各种营养和能量。健康的一个必要条件就是合理的饮食和充足的营养，现代人生活方式中普遍存在的问题是营养过剩，但挑食或减肥等情况可能会导致某种营养物质不足，给健康带来不同程度的危害。营养过剩最为直接的后果就是肥胖及其并发症，例如 II 型糖尿病、高血压、高脂血症等多种疾病，甚至诱发肿瘤。饮食中长期营养物质不足，可导致营养不良，多种元素、维生素缺乏，对人体免疫能力造成伤害，影响儿童智力生长发育。

（2）城市膳食地图（Urban Foodscape）

一般意义上来说，肥胖与超重和高能量食物的摄入有关，膳食地图（Foodscape）由食物 Food 与景观 Landscape 两个单词组合而成，含义比较宽泛，包涵历史、文化、政治、经济等因素。城市膳食地图特指城市中各类食物系统与城市空间的关系，包括食品生产、运输和销售环节的空间分布，尤其是绿色农庄和超市（果蔬、健康食品）、快餐店（高热量、高脂肪食品）在城市中的分布，不再包括历史、文化等人文因素。城市食品获取点的地理分布、食品质量和物流运输等空间要素直接影响居民的饮食习惯和饮食质量，从城乡规划来说，土地利用和空间规划决定了超市与快餐店的可达性，因而影响大众对健康食物的选择，并最终对个人健康产生影响。

关于健康与获得食物的方便性（以距离衡量）之间联系的证据相对来说仍然不够成熟，特别是其中快餐获取方便性的影响效应，存在研究结论不一致的情况。城市环境中，观察到较高的水果蔬菜摄入量与肥胖症患病率减少相关联的情况，两者又都与距离超市较近有关。相反，生活在不方便获得健康食品的地区，无法使用公共或私人交通的居民，只能在品种有限、规模较小的当地商店，以较高的价格购买较差的食品，从而危及食品安全，并可能扩大空间不平等现象。Giliiand 和 Rangel 等在对伦敦 28 所学校 10—14 岁的学龄儿童肥胖率的调查中发现，改善儿童在家附近（500 米缓冲区）获得公共娱乐的机会，减少学校附近快餐店的集中等措施是促进健康生活方式和减少儿童肥胖的关键。[61]

3）恢复性环境理论

所谓"恢复性环境"（Restorative Environment），指的是城市当中的自然环境、绿地景观能让人从因为工作、生活和社会造成的生理和心理压力的状态中恢复，回到舒缓、平和、健康的状态。"恢复性环境"的概念最早由美国密歇根大学的史密斯·卡普兰（Smith Kaplan）和蕾切尔·卡普兰（Rachel Kaplan）夫妇提出，他们做过一个著名的实验，发现经过为期两周

---

① 清代刘承干所著《嘉业堂丛书》说："养生之道，莫先于食。"这句话的意思是养生应该首先从合理饮食开始。恰当地安排饮食，合理地选择食物，利用食物的营养能够防治疾病，使人身体健壮，延年益寿。饮食不当，则会影响人们的健康，甚至导致疾病的发生。

的野外生活之后，大多数人都可以从生理和心理的疲劳状态中恢复。卡普兰夫妇认为针对喧嚣嘈杂的城市生活，野外的生活环境就是"恢复性环境"。卡普兰夫妇认为接触自然，例如观赏树木和草地或观赏水景，就能让精神疲劳得到恢复；相反，在缺乏绿色、充满人造景观的城市环境里，人们容易疲劳且不易集中注意力；但如果工作环境中存在绿色植物或景观，就会减少精神疲劳和恢复注意力。

1984年，罗杰·乌尔里希（Roger Ulrich）在《科学》上发表了论文《病房窗外的景观可能影响外科手术的康复》，该文跟踪了1972—1981年近十年间，宾夕法尼亚郊区的一所200床医院所有的胆囊手术患者的术后恢复记录，发现23例被分配到窗外有自然树木或景观的患者比另外23例窗外只有砖墙的患者手术后的住院时间更短、康复更快，并且需要的止疼药更少（图2-22），由此他得出了自然景观有利于患者心理健康进而促进康复的结论。[62]

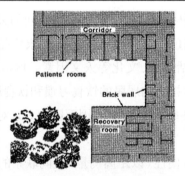

图2-22　病房窗外的景观可能影响外科手术的康复

资料来源：Ulrich R. View through a window may influence recovery from surgery. 1984

1991年，乌尔里希提出了"压力纾解"理论，首次采用实验的方法来研究环境带来的压力纾解现象。他认为城市环境（包括高楼大厦、嘈杂的交通和噪声等），严重侵扰了居民生活，城市居民常常会不堪其扰，产生焦虑、抑郁等心理和精神压力，这种压力将导致居民产生消极情绪，并做出相应的行为反应，如出现逃避或行为失常，生理系统（如心血管、神经、内分泌）出现应激反应，如果长期持续，则会对健康造成不可挽回的损失。乌尔里希认为，机体长期在城市环境中处于压力或应激状态，如果适当接触某些自然环境就可以大大缓解都市生活的压力造成的生理、心理伤害。自然景观能让人产生正向情绪，减缓压力并且是一种"立即的、潜意识的应激反应"。

2.3 相关理论对健康人居系统理论的启示

健康人居系统包括人居行为和人居环境两个方面,人居环境的理论框架和多层次体系为健康人居系统提供了理论基础和参照。笔者定义的"健康人居"不同于已有的"健康城市"概念,从范围上来讲,健康人居不仅仅是健康的城市,还包括健康的乡村、小镇,在深度和广度上都有所拓展,本书构建的广尺度、多维度、多层次,包含微观(建筑)—中观(社区)—宏观(城市)这样一个多层次的健康人居系统即参考吴良镛先生提出的人居环境科学体系,并根据近十多年的研究进展,再聚焦研究之需要做了一定的更新、简化和归并。

虽然学术界对是否存在健康城市的理论一直以来都有争议,例如学者 Evelyne de L. 在《健康城市的证据:对实践,方法和理论的反思》中认为并不存在一个"健康城市理论",多年来健康城市更多的是采取世卫组织倡导,各国在实践层面上通过实际行动来达成健康城市目标的实现,理论往往滞后于实践的发展。[63]但据笔者观察,健康城市理论中身体活动促进健康,健康膳食地图和恢复性环境是三个业已成熟的主要研究方向。

2010年世卫组织的一份报告认为城市空间影响健康的主要因素在于土地利用方式、道路交通、绿色开放空间和城市设计四个方面,这样就建立起了城乡规划和健康之间的因果联系,也可以说,身体活动促进健康这一机制是以空间形态和布局为主要研究对象的城乡规划介入健康研究的主要连接点。

除此之外,健康膳食地图的研究将城市空间布局、健康食品供应和肥胖等疾病联系起来,尤其是在地理信息系统和计算机大数据技术出现之后,为健康人居提供了一个独特的观察和研究视角。

恢复性环境理论关注的主要是心理和社会健康,高速发展的城市和快节奏的生活让现代都市人群备受抑郁、失眠和情感障碍等问题的折磨,这也是一种不可或缺的健康的空间影响机制。

2.4 本章小结

本章为健康人居的健康位理论模型和城市空间影响机制的建立奠定了理论基础。首先从公共健康和城乡规划两个角度回顾梳理了健康人居的发展过程以及健康人居理论的建立过程,总结了健康人居的两大理论基础——健康城市理论和人居环境科学理论,然后就健康城市理论以身体活动与健康、健康膳食、恢复性环境为核心载体分别展开讨论,对国内外研究理论和实践进展予以介绍和分析。

本章参考文献

［1］线装经典编委会.全本黄帝内经［M］.昆明:云南教育出版社,2010.

［2］Hippocrates. Airs, Waters, Places［A］. In: trans. W.H.S. Jones［M］. Cambridge, MA: Harvard University Press, 1948: 71-137.

［3］恩格斯.路德维希·费尔巴哈和德国古典哲学的终结［M］.中共中央编译局,译.北京:人民出版社,1997.

［4］张景岳.景岳全书［M］.太原:山西科学技术出版社,2006.

［5］Vandenbroucke J P. Is "the causes of cancer" a miasma theory for the end of the twentieth century? ［J］. International Journal of Epidemiology, 1988, 17(4): 708-709.

［6］Mcmichael A J. Invited commentary: "molecular epidemiology": new pathway or new travelling companion? ［J］. American Journal of Epidemiology, 1994, 140(1): 1-11.

［7］Lalonde M. A new perspective on the health of Canadian: a working document［R］. Ottawa: Government of Canada, 1974.

［8］Blum H L. Planning for health: Generics for the eighties［M］. New York: Human Sciences Press, 1981.

［9］Blum H L. Planning for Health: Development and application of social change theory［M］. New York: Human Sciences Press, 1974.

［10］Engel G. The need for a new medical model: a challenge for biomedicine［J］. Science, 1977, 196(4286): 129-136.

［11］Cutler D M, Miller G. The role of public health improvements in health advances: the twentieth-century United States［J］. Demography, 2005, 42(1): 1-22.

［12］WHO.慢性病和健康促进［EB/OL］.［2019-10-17］. https://www.who.int/chp/chronic_disease_report/part1/zh/index2.html.

［13］冯·贝塔朗菲.一般系统论:基础·发展·应用［M］.秋同,袁嘉新,译.北京:社会科学文献出版社,1987.

［14］Ader R. Psychoneuroimmunology: Basic research in the biopsychosocial approach［A］. In: Frankel R M, Quill T E, McDaniel S H. The biopsychosocial approach: past, present, future［M］. Rochester: The University of Rochester Press, 2003.

［15］Krieger N. Epidemiology and the web of causation: Has anyone seen the spider? ［J］. Social Science & Medicine, 1994, 39(7): 887-903.

［16］Susser M, Susser E. Choosing a future for epidemiology: I. Eras and paradigms［J］. American Journal of Public Health, 1996, 86(5): 668-673.

［17］埃比尼泽·霍华德.明日的田园城市［M］.北京:商务印书馆,2000.

［18］Ewing R, Meakins G, Hamidi S, et al. Relationship between urban sprawl and physical activity, obesity, and morbidity–Update and refinement［J］. Health & Place, 2014, 26: 118-126.

［19］Frumkin H, Frank L, Jackson R. Urban sprawl and public health: designing, planning, and building for healthy communities[M]. St. Louis：Island Press，2004.

[20] 简·雅各布斯.美国大城市的死与生[M].金衡山，译.南京：译林出版社，2005.

[21] Hancock T，Perkins F. The mandala of health：a conceptual model and teaching tool[J]. Health Education，1985，24(1)：8-10.

[22] Göran D，Whitehead M. Policies and strategies to promote social equity in health[R]. Copenhagen：Regional office for Europe，World Health Organization，1991.

[23] Barton H. A Health Map for Urban Planners[J]. Built Environment，2005，31(4)：339-355.

[24] Whitehead M. The Concepts and Principles of Equity and Health[J]. International Journal of Health Services，1992，3(22)：429-445.

[25] International council for science. Health and wellbeing in the changing urban environment：a systems analysis approach[R]. Paris：International council for science，2011.

[26] Hugh B，Marcus G. Urban planning for healthy cities ：A review of the progress of the European healthy cities program.[J]. Journal of Urban Health，2012，90(1)：S129-S141.

[27] 王慧. 新城市主义的理念与实践、理想与现实[J]. 国外城市规划，2002(03)：35-38.

[28] 吴小凡.难以兑现的承诺：美国新城市主义理论发展困境刍议[J]. 国际城市规划，2020(03)：15-19.

[29] Doxiadis C. Ekistics；an introduction to the science of human settlements[M]. New York：Oxford University Press，1968.

[30] 北京宪章[R].北京：国际建协第20届大会委员会，1999.

[31] Sallis J F，Cervero R B，Ascher W，et al. An ecological approach to creating active living communities[J]. Annual Review of Public Health，2006，27：297-322.

[32] Barrett M A，Miller D，Frumkin H. Parks and health：aligning incentives to create innovations in chronic disease prevention[J]. Preventing Chronic Disease，2014，11(4)：E63.

[33] Ellis G. Physical Activity and the Built Environment[C]// The National Academies of Mediane.Measuring Progress in Obesity Prevention：Workshop Rcport. Washington D C：The National Academies Press，2012.

[34] Papas M A，Alberg A J，Ewing R，et al. The built environment and obesity[J]. Epidemiologic Reviews，2007，29(1)：129-143.

[35] Global action plan on physical activity and health 2018-2030：More active people for a healthier world[R]. Geneva：WHO，2018.

[36] WHO.饮食、身体活动与健康全球战略[EB/OL].[2019-10-12]. https：//www.who.int/dietphysicalactivity/pa/zh/.

[37] 饮食、身体活动与健康全球战略[R]. Geneva：WHO，2012.

[38] Saelens B E，Sallis J F，Frank L D. Environmental correlates of walking and cycling：Findings from the transportation，urban design，and planning literatures[J]. Annals of Behavioral Medicine，2003，25(2)：80-91.

[39] Ewing R，Handy S，Brownson R C，et al. Identifying and measuring urban design qualities related to walkability[J]. Journal of Physical Activity & Health，2006，3(S1)：S223-S240.

[40] Berke E M，Koepsell T D，Moudon A V，et al. Association of the built environment with physical activity and obesity in older persons[J]. American Journal of Public Health，2007，97(3)：486-492.

[41] McCormack G R，Giles-Corti B，Bulsara M. The relationship between destination proximity，destina-

tion mix and physical activity behaviors[J]. Preventive Medicine, 2008,46(1): 33-40.

[42] Dunphy R T, Fisher K. Transportation, Congestion, and Density: New Insights[J]. Transportation Research Record: Journal of the Transportation Research Board, 1996,1552(1): 89-96.

[43] Li F, Harmer P, Cardinal B J, et al. Obesity and the built environment: does the density of neighborhood fast-food outlets matter? [J]. American Journal of Health Promotion, 2009,23(3): 203-209.

[44] Rundle A, Roux A V D, Freeman L M, et al. The Urban Built Environment and Obesity in New York City: A Multilevel Analysis[J]. American Journal of Health Promotion, 2007,21(4): 326-334.

[45] Transportation research board, Institute of medicine. Does the built environment influence physical activity? Examining the evidence[M]. Washington D.C.: The National Academies Press, 2005.

[46] Frank L D, Andresen M A, Schmid T L. Obesity relationships with community design, physical activity, and time spent in cars[J]. American Journal of Preventive Medicine,2004,27(2): 87-96.

[47] Oluyomi A O. Objective assessment of the built environment and its relationship to physical activity and obesity[J]. Dissertations & Theses–Gradworks,2011: 189.

[48] Ball K, Lamb K, Travaglini N, et al. Street connectivity and obesity in Glasgow, Scotland: Impact of age, sex and socioeconomic position[J]. Health & Place,2012,18(6): 1307-1313.

[49] Maas J, Verheij R A, Groenewegen P P, et al. Green space, urbanity, and health: how strong is the relation? [J]. Journal of Epidemiology and Community Health,2006,60(7): 587-592.

[50] Tilt J H, Unfried T M, Boca B. Using objective and subjective measures of neighborhood greenness and accessible destinations for understanding walking trips and BMI in Seattle, Washington[J]. American Journal of Health Promotion,2007,21(4s).

[51] Cervero R, Kockelman K. Travel demand and the 3Ds: Density, diversity, and design[J]. Transportation research part D: Transport and environment, 1997,2(3): 157-222.

[52] Ewing R, Cervero R. Travel and the built environment: a synthesis[J]. Transportation Research Record: Journal of the Transportation Research Board,2001,1780(1): 87-114.

[53] Ewing R, Cervero R. Travel and the built environment: a meta-analysis[J]. Journal of the American Planning Association,2010,76(3): 265-294.

[54] Handy S L, Boarnet M G, Ewing R, et al. How the built environment affects physical activity: views from urban planning[J]. American Journal of Preventive Medicine,2002,123(2): 64-73.

[55] 孙斌栋,阎宏,张婷麟.社区建成环境对健康的影响:基于居民个体超重的实证研究[J].地理学报,2016(10): 1721-1730.

[56] 王兰,蒋希冀,孙文尧,等.城市建成环境对呼吸健康的影响及规划策略:以上海市某城区为例[J].城市规划,2018,42(06): 15-22.

[57] 王兰,赵晓菁,蒋希冀,等.颗粒物分布视角下的健康城市规划研究:理论框架与实证方法[J].城市规划,2016,40(9): 39-48.

[58] 姜斌,张恬,威廉·C.苏利文.健康城市:论城市绿色景观对大众健康的影响机制及重要研究问题[J].景观设计学,2015,3(1): 24-35.

[59] 杨东峰,刘正莹.邻里建成环境对老年人身体活动的影响:日常购物行为的比较案例分析[J].规划师,2015(3): 101-105.

[60] 刘正莹,杨东峰.邻里建成环境对老年人户外休闲活动的影响初探:大连典型住区的比较案例分析[J].建筑学报,2016(6): 25-29.

[61] Gilliland J A, Rangel C Y, Healy M A, et al. Linking childhood obesity to the built environment: a

multi-level analysis of home and school neighbourhood factors associated with body mass index［J］. Canadian Journal of Public Health,2012,103(3)：S15-S21.

　　［62］Ulrich R. View through a window may influence recovery from surgery［J］. Science, 1984, 224 (4647)：420-421.

　　［63］de Leeuw E. Evidence for healthy cities：reflections on practice, method and theory［J］. Health Promotion International,2009,24(Suppl 1)：i19-i36.

第3章 健康人居的健康位分析范式

3.1 健康位的概念

健康人居是一个复杂的系统,涉及人居环境多个要素、多个层次、多种因果关系、非线性相互作用等一系列复杂因素以及时间—空间影响机制,那么应该如何尽量准确而又简洁地表达这种复杂的关系? 借鉴生态学理论,笔者尝试在健康城市研究中引入"健康位"(Health Niche)概念作为思考的基本模型,以建立健康人居的研究框架。

3.1.1 健康位的概念

"生态位"(Eco-niche)是生态学的基本概念,又称"生态龛",表示生态系统中每种生物生存所必需的生物环境需求的最小阈值。这个概念很多人描述过,J.格林内尔在《加州鹟鸟的生态位关系》中表述生态位是"维持物种生存的各种非生物条件的总和",强调物种生存条件的空间关系[1];埃尔顿将其重点转到生物群落,认为生态位是"物种在群落中的机能和地位及其与天敌的关系",强调物种间的功能和营养关系[2];哈钦森则认为生态位是"物种必须适应并生活在其中的环境变量(物理、化学和生物)的总范围"[3]。后人将他们所给的定义分别称为"空间生态位"(Spatial Niche)、"功能生态位"(Functional Niche)和"多维超体积生态位"(N-dimentional Hypervolume Niche)。

哈钦森最大的贡献是对生态位概念予以数学抽象,提出了被广泛接受的"多维超体积生态位"模式,即把生物个体及群落生存所需要的多重资源和条件分别作为一个"维",例如物种维持生长所需的环境变量,如温度、湿度,再加上阳光、食物、水源、营养等要素,每种环境变量都可以抽象表达为一个维度,假设有 n 个环境变量,生态位可以用一个 n 维空间来表述,如果再加上时间变量,就成了 $n+1$ 维"超体积空间"。哈钦森的"生态位"提供了一种用数学方法来抽象物种如何与环境变量取得联系和阐述彼此之间的关系,如图3-1所示。

同样的,健康人居体系也必须包括所有的健康影响因素以及各个层面的健康效应。也就是说,与健康相关的城市空间因素有必要整合到流行病学研究框架中,才能准确地描述健康人居与人居环境之间复杂的多维度影响因素和广尺度、多层次、复效应的时空影响机制，因此可以将生态位的概念拓展到健康人居领域，建立以"健康位"为基础的健康人居科学体系。

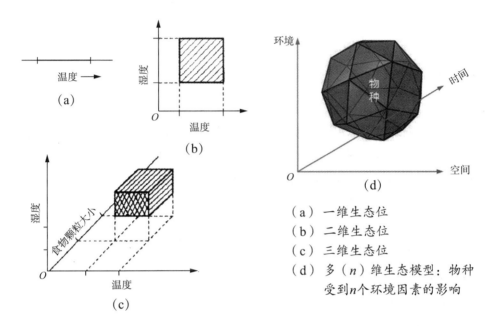

（a）一维生态位
（b）二维生态位
（c）三维生态位
（d）多（n）维生态模型：物种
　　受到n个环境因素的影响

图 3-1　多维超体积生态位模型

资料来源：左图来自百度百科资料，右图自绘

3.1.2　健康位的内涵

笔者的"健康位"概念定义为城市或更大的范围内，影响人体健康的自然环境、城市空间、社会资源等各种人居环境因素数量和类型的集合，及其在空间上和时间上的变化。

鉴于健康人居概念的广义和复杂性，笔者希望借"健康位"这样一个超越时空的（超体积空间）概念概括、整合和集成健康人居系统的四个关键因素：

（1）健康人居系统从全球—城市—社区—个人的多重空间尺度；

（2）健康人居系统从个体—人群—城市健康位，乃至于更大范围的组织结构和层次；

（3）人居环境中聚焦于城市的各类促进和抑制健康的空间因素；

（4）健康人居系统时间—空间的动态演化机制关系。

3.2 健康位的空间模型及其拓展

3.2.1 健康位的空间模型

人居环境与健康之间是一种广尺度、多维度、多层次、复效应并且互相依赖、互相影响的时空演化关系,如果仅考虑单一因素或者单维度影响机制肯定存在概念和方法论上的局限。[4]另外,个人偏好、经济条件、感知满意度等都能影响个体的居住选择,这些"自选择偏倚"(Self-selection Bias)①的影响无法根据横断面统计数据做出因果推论;并且个人、群体以及邻里之间相互作用和影响,每个人都在不断地调适自己以适应他人。也就是说,研究对象有可能存在偏差,喜欢某一类身体活动的人们可能选择类似的小区居住(例如喜好钓鱼的人倾向于居住在湖边),解决的办法只能是大量的无差别数据,好在信息通信技术和物联网、可穿戴式传感器等技术进步提供了解决这个问题的可能性。[5]

为了消除"自选择偏倚"等因素带来的影响,需要跨学科的整合,考虑各种人居环境因素和社会因素的综合模型,以人居环境科学中的城乡规划和建筑学为主体,吸纳公共卫生学科(流行病学、生命科学以及医学)最新的研究成果和研究方法,结合大数据和地理信息技术,建立涵盖多层次、多维度、多效应的广尺度"健康人居时空模型",从规划管理和设计的角度提出对应的干预机制和对策。

如果用三维空间来表达"健康位",个人位于包络体的中心位置,三个立方体的面积依次增大,分别代表不同的城市空间层次(图3-2)。第一个立方体表示家庭/工作单元,即人们日常生活的建筑空间;环绕建筑空间的第二个立方体是社区/社区空间,即人们生活其中的小区规划和建筑外部空间;第三个立方体代表城市空间,也就是社区构成的城市人居环境。根据传统的城乡规划和城市社会学理论,社区是连接个体、家庭和城市的基本单元,健康位可以用社区作为最基本的单元。

每个人(个体)都被一个假设的超空间所包围,这个假设的超空间被称为给定时刻的"健康位",它是人居环境系统中所有健康包括生理健康、心理健康、社会健康三个维度所有的影响因子的组合,这些因子协同作用,再加上时间因素,共同作用于个体的健康。这样,个人的健康(结果)可以抽象为给定时空坐标(x, y, t)下的健康位的变化,换句话说,健康是健康位的时空变化的结果。

---

① 选择性偏倚(Selection Bias),指的是因样本(研究对象)选择的非随机性而导致结果偏离真实情况,研究设计上的缺陷是选择性偏倚的主要来源。自选择偏倚(Self-selection Bias)指的是由于个人的决策、行为而引起的数据统计偏差和偏离。

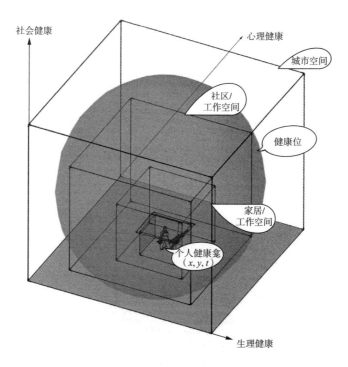

图 3-2 健康位模型图解

资料来源：自绘

通过自组织和涌现，个体的健康位自组织成为群体健康位，再往上可以类推到全球健康位，这样健康人居系统中最难量化的多尺度、多维度、多层次相互协同作用的健康变量就能够概念化，这些影响随着时间的变化而变化，分别在个人和人群水平上产生连续变化的健康结果。

3.2.2 从个人健康位到人群健康位

"健康位"可以假想成一个包围了个体的空间、时间和社会关系的气泡（超空间或者健康龛），个体的健康位是健康因素在微观、中观和宏观层面上作用于人体健康的时空演化，涵盖、包容多种健康人居以及城市空间的组织形式。

例如冠心病的风险因素，可以分为：①微观个人层面因素，包括年龄、家族史（遗传因素）、高胆固醇、高血压（分子病因学因素）；②中观社区层面因素，包括吸烟和被动吸烟（生活方式因素）、街道宜步性不佳[6]；③宏观城市层面因素，包括社区状况（社会经济因素）、绿色开放空间（城市设计因素）等。每个影响层面都是一个子系统，各类健康因子（变量）的影响往往是协同的，但又是非线性的，而且很多都没有明确的理论。

当我们从个体上升到人群层面时，人群可能是按照地域区分的，也可能是特定的人群或行为群体，如老年人、儿童、吸烟者等。每个人群都有其独特的文化、结构、经济和社会组织形式,由特定的人居环境、空间、社会、文化和个人偏好所决定。个体健康位自我组织、重新配置,结合普遍关联的群体效应,从而产生"人群健康位"。用系统论的观点看,人群健康位的形成是一个自组织①和涌现②的过程(图3-3)。

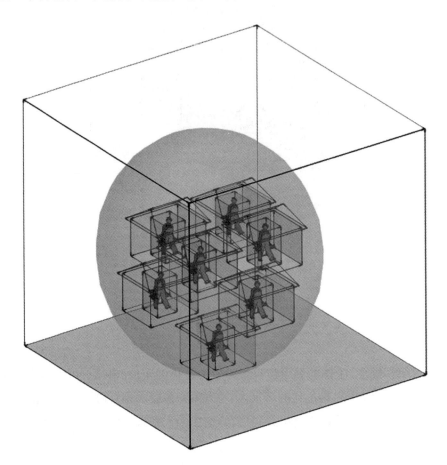

图3-3 人群健康位模型

资料来源:自绘

"人群健康位"一旦形成,就会反过来配置个体的健康位,从而影响个体的健康结果,反之亦然。人群健康位再经过同样的自我组织、普遍联系的涌现过程,形成"城市和区域健康位",形成个人—群体—城市—区域—全球生态系统的健康位结构层次(图3-4)。它们之

---

① 自组织指系统在内在机制的驱动下,自行从简单向复杂、从粗糙向细致方向发展,不断地提高自身的复杂度和精细度的过程。热力学观点:系统通过与外界交换物质、能量和信息,而不断地降低自身熵含量,提高其有序度的过程;进化论观点:系统在"遗传""变异"和"优胜劣汰"机制的作用下,其组织结构和运行模式不断地自我完善,从而不断提高对环境的适应能力的过程。

② 涌现是在复杂系统中的行为主体,根据各自行为规则进行相互作用所产生的,没有事先计划但实际发生的一种行为模式。系统在涌现的过程中出现新的功能和结构。

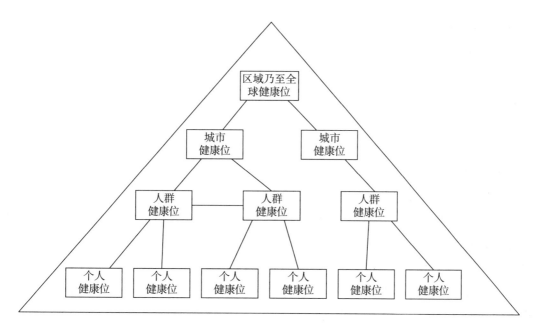

图 3-4 健康位的组织结构形式示意图

资料来源：自绘

间相互制约相互影响，一方面城市空间对个体健康位产生较大的影响（虽然不是决定性的），另外一方面，个体的健康位也能反过来影响全球的生态系统。例如个体健康位由于一些突发、偶发因素的影响而发生一些看似不起眼的波动，比如说流感的流行或者环境污染事故，如果不加以干预，就有可能影响到某一地区的健康位，进而对全球健康水平产生无法预知的后果，其作用机制类似于"谢林临界点模型"①。[7]例如通过2020年肆虐全球的新冠肺炎（COVID-19）疫情可以让我们清楚地看到这个过程，疫情起初爆发于中国内地城市——武汉，刚开始时由于对新病毒的认识不够，应对不够及时与果断，也由于病毒的传染性非常高，到达临界点之后短时间内传播很快。世界范围内美国、欧洲等国家和地区由于疏忽大意一再失守，最后演变为全球范围内的大流行，几乎所有国家无一幸免。

个体层面的疾病原因可能与群体层面的疾病原因有很大不同，个体层面的病因是个体的生理因素以及个体与个体之间相互作用的综合结果，但人群健康位并不能简单等同于个体健康位的累计结果，其原因可能更为复杂。

举例来说，从人群健康位层面来看，少数民族群体大多聚居于某一地区，其生活方式相似，从事的职业相似，因此都面临类似的职业健康危害。例如藏区居民，他们患肥胖、心脑

---

① 诺贝尔经济学奖得主托马斯·谢林1971年提出了居住隔离的动态模型（Dynamic Model of Segregation），假设某地区（抽象为九宫格）某个人8个邻居中有3个是不一样的种族，这个人大概率会选择搬离该社区。有1人搬走后，剩下的人也会陆续搬走，由此产生居住隔离现象。大部分社会现象都可以简化成两波影响，第一波缓缓呈现，达到某一个临界点后，趋势就会加速，最终呈现极端化的倾向。

血管疾病等慢性病的确很少,但由于放牧几乎是他们唯一的职业选择,青藏高原地区所特有的强烈紫外线辐射,导致西藏地区成为全国白内障患病率最高的地区之一。这就是人群健康位的特殊之处,与个体的健康状况(健康位)有一定的关系,但并不等于个体健康位直接相加的结果,与人居环境和人群(种族)多年习得的文化习俗、思维习惯和生活方式也有很大的关系。

也就是说,人群健康位不仅表现出个人层面的特征,而且表现出自然环境、职业暴露、文化习俗、社会经济地位等因素的综合影响,这些因素往往会加大健康暴露因素的危险程度并加剧其对健康的影响。如果将考察范围限定为城市,城市中个人的健康位也是由人、行为和场所的自组织涌现的。根据亚当·斯密的“理性经济人”模型[①],每个人的居住选择都是为了最优化他们希望与之合作的其他个人之间的距离。当个体选择其中一个健康位(龛)时,就一定程度上改变了一个城市的生态,同时也会影响到其他人的选择。例如个人选择定居的位置,部分取决于当地公共服务设施(包括卫生保健设施)的便利程度,反过来,设施和服务的分配也会影响到个人的居住选择。这是一个信息传导—决策—反馈不断迭代的过程,也因此一个城市的各类服务设施的兴趣点[②](Point of Interest)及其可视化可以作为健康人居研究的一个丰富的信息来源。

3.3 健康人居系统的健康位分析范式

3.3.1 健康人居系统的健康位理论模型

健康人居涉及生理、心理、社会多个维度,从全球生态系统、城市群到居民个体多个层次,以及人居环境的各要素,很难以某一种或某一类确定的因果关系来概括,也很难建立一个准确的数学模型或以一个数学公式加以概括。因此,建立健康人居的多层次、多维度、复效应的时空动力演化理论模型是一项很有难度的任务。

根据WHO的观点,健康的三个维度是生理、心理和社会健康。作为健康人居的基本单元,健康位可以假想成一个包围在个体周围的空间、时间和社会关系的气泡(超空间),同样包含生理、心理和社会这三个维度(图3-2)。按照笔者上一节提出的健康位概念,健康位

---

① 理性经济人(Economic Man)模型由英国经济学家亚当·斯密(Adam Smith)提出。他认为人的一切行为都是为了最大限度地满足自己的利益,每个人都要争取最大的经济报酬。该模型得到了西方经济学界大多数人的赞同,是西方主流经济学派的理论基础。

② 兴趣点(POI)是地理信息系统中的一个术语,泛指一切可以抽象为点的带有经纬度等空间信息的地理对象,尤其是一些与人们生活密切相关的地理实体,如学校、银行、餐馆、加油站、医院、超市等。

指城市或更大的范围内,影响人体健康的自然环境、城市空间、社会资源等各种人居环境因素数量和类型的集合,及其在空间上和时间上的变化。健康位还是一个空间、时间的概念。因此,笔者的健康位理论模型至少应为一个五维的时空模型,除开实体的三维空间(x,y,z)外,空间因素为第四维,时间因素为第五维。为方便表达,将时间、空间作为x,y轴,将个体层面的生理、心理维度折叠在时间、空间形成的水平平面上,仅保留社会维度为竖向z轴,这样就形成了健康人居的五维健康位理论模型。

本研究是从城市空间入手来研究健康人居系统,按照空间层次梳理健康位与不同尺度(微观—中观—宏观)的城市空间的关系。

微观层面的个体健康位即影响个人健康的各类城市空间因素(建成环境)、自然环境和社会环境因素,取决于个人应对疾病病原或外界污染物毒素的免疫力以及个人的生活习惯,主要受年龄、性别、教育水平等人口特征和个人收入、遗传基因、身体和心理状况的影响。对应的人居环境范围是建筑和室内环境,起主要作用的城市空间因素是建筑、室内空间,可以通过建筑设计、通风设计、家具设计等方法来干预和控制室内病原的产生,切断疾病传播的路径,并且通过引导人们在工作场所参与身体活动来达到增强体质和免疫力的目的。

中观层面的人群健康位即影响人群健康的各类城市空间因素、自然环境和社会环境因素,取决于人群的生活方式和人群健康位的组织方式,对应的人居环境范围是居民小区(邻里单位)或居住区。这一层面上起作用的城市空间因素是居住区、小区范围的人居环境,可以通过小区规划、健康食品、园林景观设计等方法来引导和推动步行、骑车、广场舞等积极的生活方式,培养健康的生活方式和饮食习惯,戒烟戒酒,提升人群的健康水平。

宏观层面对应的城市健康位或城市群、区域健康位,涉及城市规划管理层面,从病因学观点来看,为疾病的远端因素[①],并不直接导致健康结果,而是通过城镇规划、空间布局、城市管理以及社会经济等因素间接影响个体的健康,例如城乡规划可以通过土地利用、空间布局、大型项目选址和城市管理、政策工具等手段介入和干预健康的生活方式,进而影响到个体健康。

3.3.2　健康人居系统的结构与层次

按照吴良镛先生将人居环境分为五大层次的观点,健康人居系统的结构和层次,由小到大分别是建筑、社区(社区/邻里)、城市、区域和全球生态系统这样五个层次,个人健康位是健康人居系统的基石,位于建筑、社区这个层次。个体的人与其他人无时无刻不在互相交流和交往、互通有无,基于系统的自组织和涌现,形成了人群健康位,往上形成城市和区域的健康位,健康人居系统的金字塔顶端是全球生态系统,包括河流、山川、森林、海洋、湿地

---

①　流行病学把疾病的危险因素分为近端危险因素(Proximal Risk Factors)和远端危险因素(Distal Risk Factors),近端风险因素指的是与健康结果直接相关的因素,远端风险因素指的是间接影响健康结果的因素。详见第4.4节,此处不再赘述。

等自然生态系统和城市、建筑等人造生态系统以及人和动物、植物、微生物的生命系统。

个人健康位的决定因素是个体的遗传基因、人居环境以及社会—经济因素,诸多生活在同一地区的个人健康位通过自组织涌现效应形成人群的健康位。个人健康位形成后也能影响他人和人群的健康位,高层级健康位反过来也影响个人的健康位。个人的健康结果是这三个层面上的各部分系统要素相互影响并相互依赖的综合结果(图3-5)。[8]

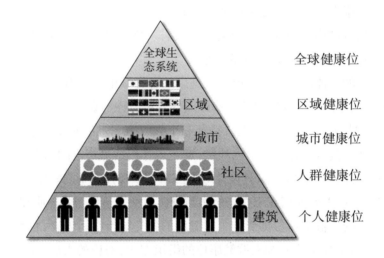

图 3-5 健康人居系统的层级

资料来源:自绘

微观层面上,个人的年龄、性别、遗传基因等生理特征是个体健康位的决定因素之一,生活方式因素,包括饮食、身体活动等因素以及个人的社会经济状况是个体健康位的重要决定因素。

中观的社区层面上,个体健康位形成人群健康位,人群健康位受到居住环境、街道可达性和设计品质等因素影响,并且受到地方经济的影响。

宏观城市和区域层面上,城市健康位是由人群健康位所形成的,城市的土地利用、宜步性、公共设施可达性、道路交通这些因素决定了城市和区域的健康位。全球生态系统位于层级的最外层,这是因为所有的人类活动和场所都从全球生态系统获得生命支撑所需的重要环境与生态功能,也因此生命过程以及机体健康都会受其影响(图3-6)。

另外,个体的自主选择决定了"个人健康位"的位置和范围,也就决定或者说改变了城市的健康位(系统的普遍联系),也会通过影响其他人的选择改变人群健康位,通过自组织的涌现效应进而影响到上一层级甚至全球的生态系统。因此健康人居系统不仅与个人层面因素相关(近端因素),也与自然环境、社会文化习俗等综合性因素(远端因素)密切相关。它们相互发生作用,使得个体和人群健康位随之产生相应的变化(参见图4-11)。这一效应可

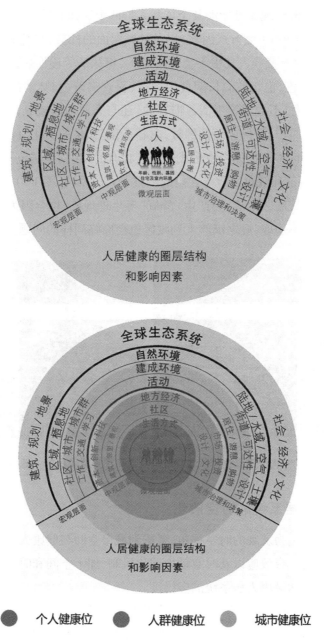

图 3-6　健康人居系统的层级、结构和影响因素

资料来源：参考 WHO 文件自绘

以用美国气象学家洛伦兹提出的"蝴蝶效应"①做一个形象的解释。

————————————

① "蝴蝶效应"来源于美国气象学家洛伦兹的发现，洛伦兹 1979 年 12 月 29 日在美国科学促进会的演讲中提出："可预言性：一只蝴蝶在巴西扇动翅膀会在德克萨斯州引起龙卷风吗？"大意是说系统中个体微小的变化，最终可能导致其他系统的极大变化。这在之后被人们称作"蝴蝶效应"，用来说明自然现象的混沌和非线性特征。

人群中某一特定健康现象可能涉及个体和人群两个层面的原因。个体健康位受生理(如遗传、生理及免疫因素)和生活方式因素，以及社区层面的社会、自然和人居环境因素影响。例如，生活在青藏高原的藏族人几乎不会得高血压、糖尿病等慢性病，这可能与他们基因中的遗传特质有一定关系，也与他们长期食用青稞、喜欢喝茶、口味清淡等饮食习惯，以及日常劳作、放牧运动量大、不抽烟等生活习惯有关，还与高原地区缺氧，病菌等微生物难以存活的自然环境有关，并且与藏民族信仰佛教，内心平和、知足的文化习俗关系极大。

藏民个人的居住区位选择如今也形成了藏族独有的，包括聚居范围、宗教信仰、社会文化、生活习惯、生理特征和健康风险等在内的一整套人居系统(图3-7)，即藏族的"健康位"。如果藏民迁移到汉族聚居区生活，会产生"醉氧"等生理现象，也会因为宗教信仰、生活习惯不同而出现文化上的不适应，反之汉族人到藏区也会面临同样的问题。

图3-7　青藏高原地理气候环境与生活习惯形成藏民的"健康位"

3.3.3　健康人居系统的时空演化

如果把眼光投向更为宏观的时空视角，考虑到城市空间与健康人居系统之间更多层次、多维度且互相影响的复合效应以及时空动力演化机制，加上空间和时间演化轴，可以得出一个五维的理论模型表达健康人居系统的多维度。

上节论述过，为方便表达，可以先将三维的健康位维度——生理、心理、社会维度，折叠、简化成一维，再在此基础上以一个三维的坐标系统以表达健康位的空间和时间维度。第二个维度是城市空间维度，包括影响健康的近端空间暴露因素和远端的城乡规划和管理因素。第三个维度是时间维度，表示健康随着时间变化的结果(图3-8)。

个人的健康位即包络在个体周围影响健康的城市空间(超体积空间)，个人的健康可以抽象为给定时空坐标(x, y, t)下的健康位的变化，也就是说个体的健康结果是相应的"个体健康位"的时间函数。在此基础上通过自组织和涌现，个体的健康位结合生成群体健康位，从而分别在个人和人口水平上产生连续变化的健康结果。如果把个人健康位放在时间这个

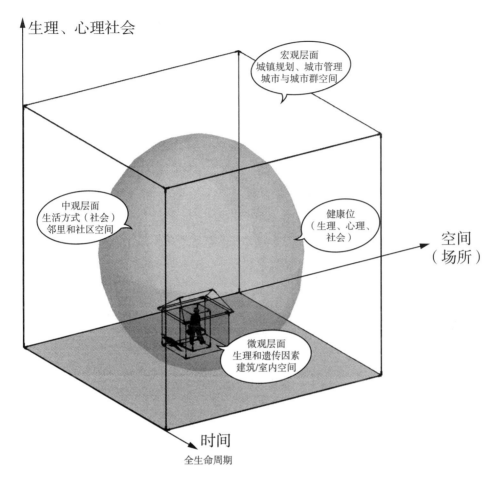

图 3-8　健康人居的"五维健康位"理论模型

资料来源：自绘

轴线上，也就是说某一个时期的个人健康（静态的），通过时间和空间的长时间演化，考虑个体全生命周期的健康结果，就是健康人居系统的时空动力演化机制（图 3-9）。

　　图 3-9 中的时间轴表示健康随时间演化的过程。慢性病通常潜伏时间长，各种健康影响因素在人的一生中不断累积、交互、演变，长期的队列研究是必须的。理想的健康人居模型不仅应考虑人居环境的危险因素和健康结果之间的空间序列，还应考虑社会、自然和时间因素，结果才更有说服力。

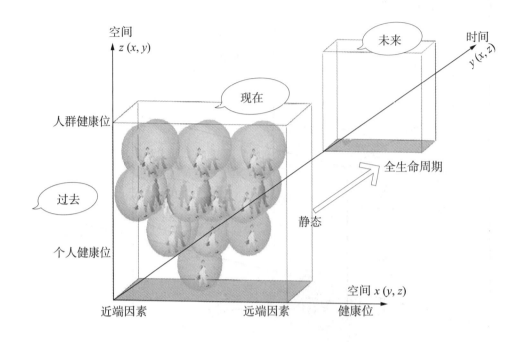

图 3-9　健康人居系统的时空演化

资料来源：自绘

3.4　本章小结

本章首先厘清了城市空间和健康人居的定义，认为健康与人居环境都是内涵极其丰富、范围极其广泛的复杂巨系统，为精准、简明地概括健康与城市空间（人居环境）的广尺度、多维度、复效应的关系，本章提出了研究的核心概念——基于生态学理论的"健康位"概念。健康位是包络在人体周围的影响健康的自然环境、城市空间、社会资源等各种人居环境因素数量和类型的集合（超体积空间）。分析了作为健康人居系统基石的"健康位"概念的内涵、结构、层次，构建了健康位的多层次模型作为健康人居系统的分析范式。

在此基础上，进一步将健康位由个人健康位拓展到人群健康位，并延伸到全球生态系统。因为健康是一个长时间动态演化的过程，构建了基于健康位的健康人居系统的理论模型，论述了健康人居系统个人—人群—城市—国家—全球的结构层次，以及健康人居系统的生理、心理、社会、空间、时间的五个维度，并对健康人居系统的健康位时空演化理论模型进行了可视化表达。

本章参考文献

［1］Grinnell J. The Niche-Relationships of the California Thrasher［J］. The Auk,1917,34(4):427-433.

［2］Elton C S. Animal Ecology［M］. Chicago:University of Chicago Press,2001.

［3］Hutchinson G E. Concluding Remarks［J］. Cold Spring Harbor Symp Quant Biol, 1957, 1507(22): 239.

［4］Auchincloss A H, Roux A V D. A new tool for epidemiology:the usefulness of dynamic-agent models in understanding place effects on health［J］. American Journal of Epidemiology,2008,168(1):1-8.

［5］Sandro G, Matthew R, Kaplan G A. Causal thinking and complex system approaches in epidemiology［J］. International Journal of Epidemiology,2010,39(1):97-106.

［6］Diez Roux A V. Estimating neighborhood health effects:The challenges of causal inference in a complex world［J］. Social Science and Medicine,2004,58(10):1953-1960.

［7］Schelling T C. Decision Making and Problem Solving［J］. Interfaces,1987,17(5):11-31.

［8］Rydin Y. Healthy cities and planning［J］. The Town Planning Review,2012,83(4).Xiii-XViii.

第4章 健康人居的空间影响机制

本章以城市健康位的概念为架构,总结梳理城市空间引发健康风险的机制,识别健康人居的空间影响因素,并从城乡规划、社区和建筑设计层面,对健康人居的主要决定因素和影响机制进行详细讨论。城市规划对健康的影响主要体现在各规划要素对城市空间布局、人们的行为模式、心理状态等方面的影响。

4.1 引言

虽然健康人居的理论研究已经开展了十多年之久,相关的健康城市实践从世界卫生组织欧洲分部提出健康城市项目(1986)算起也有30多年,但健康人居系统的理论研究仍然处于摸索之中。Bird等人的研究指出,在城市空间要素、身体活动与健康结果之间并不存在一个线性的影响机制,这种机制会因主体、行为目的和区位特征等的不同而呈现巨大的差异。[1]

流行病学理论认为,个体生理健康状况不仅受自身遗传基因和社会经济影响,也与外部环境(自然环境、建成环境、社会环境)有关。流行病学的经典模型,即宿主、动因、环境三大因素构成了流行病学三角,这三个因素在人体系统健康状态下保持脆弱的平衡。环境是最大的可变因素,一旦环境中的风险(暴露)因素打破了平衡,例如人接触被污染的水源暴露于疟原虫,机体本身又缺乏抵抗力,就会导致疾病(疟疾)的发生(图4-1)。

但要把建成环境与慢性病建立直接的因果关系非常困难,大多数研究只能指出相关性。[2]即使是Reid Ewing这样的该领域著名学者也不能明确地说城市形态会导致肥胖,而只能说是显著相关。[3]

世卫组织欧洲办事处2010年发布《健康人居的空间决定因素证据综述》研究报告,提出城市空间中的健康决定因素主要是五种,分别是身体活动、社会和心理影响、空气质量、噪声暴露和意外伤害;城乡规划对健康的主要影响因素为土地利用方式、交通、绿色空间和城

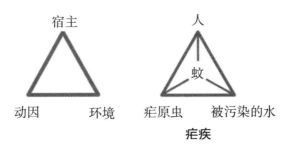

图 4-1　流行病学病因模型——流行病学三角

资料来源：网络，http://www.ewenku.net/docs/d5f2de6b973adb

市设计四个方面。[4]2016年《自然》杂志发表文章指出，大部分癌症的发生主要归因于外部风险因素，仅10%～30%由随机突变或遗传因素导致。[5]

　　Mary E. Northridge提出过一个健康的空间效应的模型，将建成环境按宏观、中观和微观的层次进行分类，分别列举其对健康的影响。[6]Nieuwenhuijsen构建了健康理念融入城市和交通规划的概念框架，提出土地使用、设施可达性、机动性、体力活动、环境暴露和社会参与应作为重要内容。[7]借鉴Northridge的模型，笔者曾经提出过建成环境、健康风险因素与健康结果之间联系的理论模型[8]，将建成环境分为室外和室内环境，将健康风险因素分为物理因素、社会经济因素以及设计与建造因素，健康结果则分为身体健康（Health）与福祉（Well-being）因素。建成环境中的风险因素通过直接（病原体侵害、身心压力）或者间接（改变生活方式）的方式，经过较长时期的暴露和生理演化，最终造成机体的健康损害（图4-2），这就是慢性病的主要空间效应机制（Main Spatial Effect Mechanisms）。

　　首位的健康风险是城市空间中各种病原暴露和污染，包括生物、物理、化学污染物，从疾病病理上来说会造成传染病和慢性病等疾病。环境污染损害与城市规划和布局的关系极大，城市用地、土地规划和工业企业布局能够相当大程度上影响大气污染物排放。近年来环境污染导致恶性肿瘤等疾病[9]，环境噪声导致听觉疾病[10]，室内空气污染导致呼吸系统疾病[11-12]等屡见报端。

　　第二，慢性病复杂的疾病因果链中，包含不同水平的危险因素。线性的因果关系模型是不合适的，McMichael认为必须运用社会生态系统的观点，从复杂系统角度思考健康问题及其空间—时间理论框架。[13]Aicher提出了健康要素中压力的重要性，认为压力是一种生物反应，反复暴露在压力下最终会削弱身体免疫力，使身体更容易患病，并认为环境可划分为"压力因素"[14]或"支持因素"。Susser M.和Susser E.在黑匣子之上建立了一个"中国盒子"的隐喻，指出影响个人健康的因素是一系列的穿套的层次结构，层次之间是互相联系的。[15]

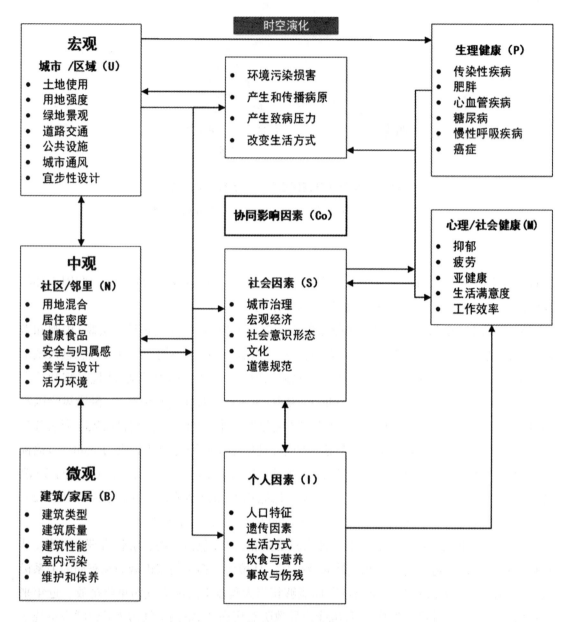

图 4-2　建成环境与健康的理论框架

资料来源：Xie H., etc. Move beyond green building: A focus on healthy, comfortable,

sustainable and aesthetical architecture. 2015

　　第三个重要但却往往被忽视的健康风险是不健康的生活方式。世卫组织认为健康的决定因素是遗传（15%）、生活方式（60%）、人居环境（17%）、医疗卫生服务（8%）。生活方式因素占比达6成，是影响健康人居的决定性因素。从慢性病来说，环境暴露和生活方式是主要的危险因素。表4-1列出了慢性病的生活方式危险因素，可以看出吸烟、饮酒、久坐不动与不健康饮食几乎是引发慢性病的共同危险因素，但吸烟、饮酒并非城市空间因素，环境暴露、缺少身体活动和不健康饮食却是可以通过城市规划和设计改变的危险因素。

表 4-1　慢性病的生活方式危险因素

危险因素	中间指标				慢性病				
	肥胖	高血压	高血糖	高血脂	心脑血管疾病	脑卒中	糖尿病	肿瘤	呼吸系统疾病
吸烟	√	√	√	√	√	√	√	√	√
饮酒		√	√	√	√			√	
不健康饮食	√	√	√	√	√				
久坐不动	√	√	√	√	√			√	

资料来源：自绘

就目前所掌握的不多的慢性病知识来看，慢性病的诱因来自遗传、行为和建成环境因素的多因素复杂交叉，因而因果路径难以证明。[16] 由于这些困难，日常行为（Daily Behaviour）对促进健康来说相当重要，缺乏身体活动和不健康饮食是肥胖、糖尿病和心脑血管疾病的重要诱因之一[17]，并且小汽车主导的城市规划和建设进一步强化了潜在相关性。

在城乡规划层面上，可以通过城市规划设计改善人居环境，促进积极的身体活动，优化健康食品的配置来提升居民的健康水平，实现健康的目标。也可以说，促进身体活动和健康膳食是擅长以城乡空间形态设计的城乡规划学科切入健康的主要连接点。

4.2　城市空间的健康风险

慢性疾病的空间风险因素有四类，即病原暴露、环境污染损害、身心压力和生活方式，详见图4-3。

从健康人居系统的健康位理论模型来看，健康由三个部分组成：生理、心理、社会（图1-16）。健康人居环境对应（微观）建筑、（中观）社区、（宏观）城市的三个尺度，从病因学观点来看，城市空间的暴露风险因素主要体现在生理健康这个维度上，身心压力因素主要体现在心理健康维度上，生活方式因素主要体现在社会健康维度上（图4-4）。

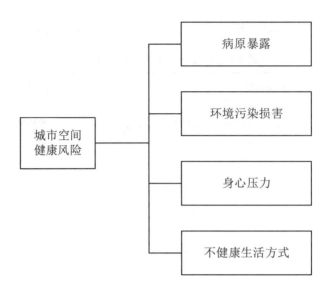

图 4-3 城市空间的健康风险

资料来源：自绘

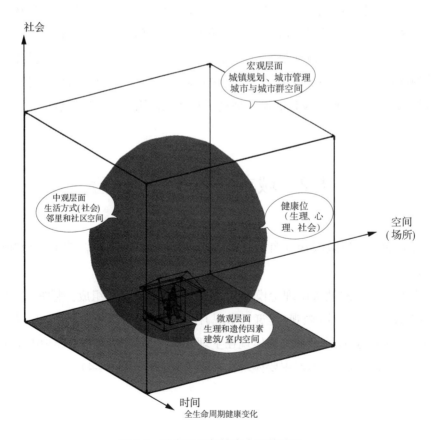

图 4-4 城市空间与健康人居的关系

资料来源：自绘

4.2.1　病原暴露

城市空间引发传染病威胁人类健康的案例在历史上曾多次出现,例如席卷欧洲大陆的黑死病和阻止查士丁尼大帝西征的瘟疫。我国东汉末年(公元217年)的建安大疫,也导致从平民百姓到达官贵人大批死亡,闻名于世的建安七子除孔融、阮瑀之外,包括东吴丞相鲁肃全部殁于建安大疫①,曹操之子曹植在《太平御览·说疫气》中写道:"建安二十二年,疠气流行。家家有僵尸之痛,室室有号泣之哀。或阖门而殪,或覆族而丧。"

城市是一个生态系统,城市空间充满着多种生物和微生物,城市土地规划、建筑营建和植物配置直接产生或者传播病原微生物,导致人体健康受损。例如很常见的由于潮湿引发的真菌感染、慢性过敏性鼻炎以及仍然时有发生的烈性传染病疫情。建筑空间设计导致病原传播的证据很多,1978年美国CDC和世卫组织确认大楼中央空调系统可以导致军团菌肺炎的聚集性感染,直到2015年美国纽约州还发生过军团菌肺炎疫情。新的研究包括香港大学李玉国教授团队2004年在《新英格兰医学杂志》发表的《关于SARS病毒空气传播的证据研究》[18],以香港淘大花园为案例研究了SARS病原在建筑空间中的传播路径,为传染病防控提供了宝贵的经验和支撑(图4-5)。

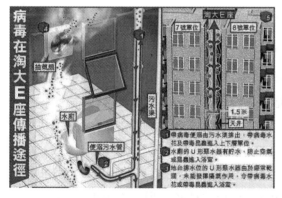

图 4-5　典型的病原微生物暴露风险

左:淘大花园E座的SARS病毒传播途径(2003)　　　　　右:汉口火车站对新冠病毒进行消杀(2020)

资料来源:网络

2020年笔者所在的城市——武汉市突发新型冠状病毒肺炎(COVID-19)疫情,造成了极为严重的生命与财产损失。虽然其传染途径并未得到确切证实,但在官方的《新型冠状病毒肺炎诊疗方案试行(第六版)》中提到了环境和建筑空间能够传播病毒(气溶胶传播途

---

① 《三国志·魏志·王粲传》中写道:"(阮)瑀以(建安)十七年卒,干、琳、玚、桢二十二年卒。(魏文)帝书与元城令吴质曰:'昔年疾疫,亲故多罹其灾,徐、陈、应、刘,一时俱逝。'"这段话明确说"建安七子"中的徐干、陈琳、应玚、刘桢均死于建安二十二年的大瘟疫。

径）（图4-5）。

4.2.2 环境污染损害

中国过去三十年的城市化进程发展非常迅猛，"唯GDP至上"的城市价值体系忽略了人居环境的可持续发展，也牺牲了人类健康，经过数十年粗放的城市化和工业化进程，不仅城市环境本身，城市所依赖的自然环境都遭到非常严重的污染和破坏（图4-6右）。

图4-6 典型的中国城市环境污染损害
左：被汽车占满的北京国贸立交桥（2013）　　右：福建上杭县工人直接暴露在铜矿污水中（2010）
资料来源：http://www.todayonline.com

私家车数量的增长通常是经济发展和现代化的一项指标（图4-7），然而，过多地依赖机动车出行却会导致严重的交通拥堵和交通意外伤害，这在每个发展中国家都概莫能外（图4-6左）。过量的小汽车会造成交通拥堵，还是世界城市空气污染的罪魁祸首，根据一项20世纪90年代英国的研究，汽车尾气制造了大气中74%的氮氧化物，也增加了令人不快的噪声。

空气污染因素是引发呼吸系统疾病的一个重要因素，而空气污染的程度以及分布状况与城市空间规划关系极大。我国当前空气污染状况虽有所好转，但仍不理想，特别是大城市冬季时常被雾霾①笼罩，导致呼吸系统疾病患病人数上升。[19]雾霾是雾和霾的简称，除了可以被肺泡吸收的细颗粒物外，尚可携带20多种有毒有害物质，包括细菌、毒素、重金属颗粒，人体一旦吸入就引发包括肺癌在内的多种呼吸系统疾病。2010年陈仁杰等发表了一项我国113个城市PM10浓度与居民呼吸健康的联系的研究，结果表明，PM10污染导致患慢性支气管疾病/呼吸系统疾病的病例数分别为9.26万人和8.9万人，另外还导致29.97万人早死。[20]

---

① 雾霾，是雾和霾的组合词。雾指的是大量悬浮在空气中的微小水滴或冰晶组成的气溶胶系统，而霾是空气中的灰尘、硫酸、硝酸等颗粒物组成的气溶胶系统。雾霾是特定气候条件与人类活动相互作用的结果。高密度人口的经济及社会活动必然会排放大量细颗粒物，一旦排放超过大气循环能力，细颗粒物浓度将持续积聚，极易出现大范围的雾霾。雾霾天气是一种大气污染状态。

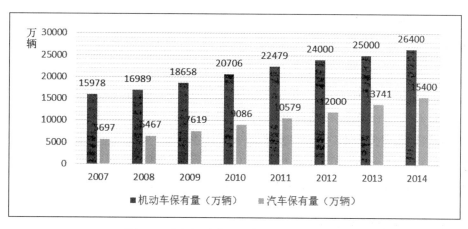

图 4-7　全国机动车和汽车年保有量增长图

资料来源：根据公安部交管局发布数据整理绘制

4.2.3　身心压力

　　紧张、快速、充满压力和刺激，却缺乏精神舒缓和疗愈场所的都市生活已经给国人的精神健康造成了严重危害。在中国城市，特别是一线城市，工作竞争激烈、生活成本高、人均社会资源匮乏等现象非常显著，这些情况造成城市居民，特别是中青年人群的精神压力极大。精神压力可导致急性心肌梗塞及免疫能力低下。生理医学有一个"压力—应激"的病因学理论：即压力（应激源 Stressor）导致人体系统调节机制失能，长期压力可能发展为糖尿病、心脑血管疾病、癌症、过劳死等。

　　随着社会的快速发展和城市规模的扩大，紧张、快速、充满压力和刺激的快节奏生活让人喘不过气来，"弦"总是绷得紧紧的（图4-8）。充满压力的城市环境和缺乏舒缓压力的城市公共空间增加了紧张、抑郁和焦虑的发生率。高强度工作、激烈的竞争和缺乏尊重的社会环境使得许多人罹患精神疾病。

　　酗酒、吸烟、长期上网，在很多情况下是对精神压力的发泄或逃避，是在用一种消极的

图 4-8　城市生活方式引致的身心压力

左：常见的心理不健康症状　　　　　右：选择自杀的 90 后工人诗人许立志（2014）

方式去应对身心所受到的挑战。抑郁症的发病因素中，城市快节奏生活方式导致的精神压力是重要的因素之一，抑郁症如果不加以干预和治疗，很容易导致自伤、自杀等极端行为。高强度工作、激烈竞争、缺乏尊重的社会环境使许多人罹患精神疾病，甚至放弃年轻的生命。据世界卫生组织的调查报告，2013年中国因为抑郁症所带来的经济损失预测值为50亿人民币，约有25万人自杀既遂，约有200万人有自杀尝试。

除个人生理和遗传因素之外，心理健康（Mental Health）与城市空间导致心理刺激、诱发犯罪等相关，也与社会、文化以及患者生活经历相关。例如拥挤、噪声等直接因素和心理暗示、焦虑、恐惧等间接因素。[21-22]除此之外，缺乏日照也易引起心理抑郁。

4.2.4　不健康生活方式

城市交通变得更为便捷，然而代价却是依赖机动出行导致的生活方式改变，空间距离不再成为交流和沟通的阻碍。同时，卫生条件的改善使得传染病也不再是危害健康的首要原因，取而代之的是肥胖以及脑卒中、心脏病、慢性呼吸系统疾病等慢性病。慢性病虽然与遗传和个体差异有关，但是越来越多的证据显示，城市生活环境、依赖机动车出行的现代生活方式以及不良生活习惯导致的慢性病已成为"头号健康杀手"。

缺乏身体活动导致的肥胖是其中最为主要的一类风险。肥胖本身并不能算作是一种疾病，但肥胖是多种慢性疾病的罪魁祸首，如常见的心脑血管疾病包括高血压、脑卒中、心肌梗死等情况；其次是内分泌相关疾病如糖尿病等。现代城市生活方式带来的风险除了久坐、缺乏身体活动之外，还有不健康膳食。[23]

身体活动（Physical Activity）是近十年来健康城市理论研究的主要方向。[24]缺乏身体活动（Inactivity）诱发的死亡占全球死亡人数的6%，是除了高血压、烟草使用、高血糖之外的全球第四大死亡风险因素。另外，身体活动不足被指占乳腺癌、结肠癌致病因素的21～25%、糖尿病的27%和心脏病的30%。[25]

世卫组织在《饮食、身体活动与健康全球战略》中认为足够且有规律的身体活动可以有效降低罹患高血压、冠心病、糖尿病、抑郁症等慢性病以及跌倒的风险，有效改善骨骼和功能性健康，最重要的是可以改善营养过剩造成的肥胖以及超重。[26]

缺乏身体活动和久坐已成了慢性病预防的一个新关注点，它与Ⅱ型糖尿病、心脑血管疾病、癌症和全因死亡率的风险增加存在关联。成年人每天久坐可能多达10个小时以上，久坐也包括坐在车内的时间，现代人生活离不开小汽车，但小汽车造成的身体活动不足有可能增加罹患心脑血管疾病风险，以及心理脆弱化的风险。

根据军事医学科学出版社《中国慢性病及其危险因素监测报告2010》一书披露，中国居民常见的慢性病依次为高血压、糖尿病、冠心病、脑卒中、恶性肿瘤和慢性呼吸系统疾病，慢性病的主要危险因素有吸烟、过量饮酒、不合理膳食、身体活动不足以及负面的心理因素。[27]WHO推荐每天至少进行30分钟中等强度的身体活动，但据估计全球有60%的人不达标。中国的情况更为严重，据《中国健康管理与健康产业发展报告 2018》的调查显示，我国经常锻炼的成年人仅占 18.7%，多达 35.9% 的人从来不参与体育锻炼，参与锻炼的人群中也只有 24% 的人锻炼时间达标，以 30～49 岁的中年人锻炼最少。18 岁以上居民超重率30.6%，肥胖率 12.0%。[28]

　　另外，不健康的膳食也能导致肥胖，Gilliand 等人对伦敦 28 所学校 10—14 岁小学生所做的研究证实，离学校 500 米内的快餐店数量与较高的 BMI 数值相关，但 500 米以内存在康乐设施则相反。[29]Lane 等发现大多数的街角市场并不出售新鲜农产品或低脂乳制品，但出售彩票、香烟和酒类等"不健康食品"。[30]另外居住在超市附近的孕妇生产低出生体重婴儿的数量要少得多。Reidpath 等[31]和 Kwate[32]都发现在食物匮乏地区（包括快餐密集区）的肥胖及其诱发慢性病的发病率较高，但另一些学者提出了不同的看法，Whelan 等发现不同的人口群体采取不同的食物策略，例如贫困人口更倾向于购买晚间打折食品[33]，因此有学者质疑食品与居民健康之间简单的相关性，认为不改变社会、经济和文化背景等因素而仅仅只靠干预食品零售点的空间分布并不能有效地改善居民健康。[34-35]

4.3　空间—行为—健康（SBH）模型

4.3.1　空间—行为—健康的因果联系

　　流行病学的经典生态病因模型认为，宿主、动因和环境是疾病发生的三大因素（图 4-1），借鉴这个模型，健康与城市空间之间也可以建立一个简洁的病因解释模型（图 4-9）：人的健康（宿主）、城市空间（环境）以及行为（动因）三者之间存在着密切的因果联系。健康的决定因素是环境和行为，以机动车为主的出行方式几乎完全改变了城市空间（环境），反过来城市空间也在某种程度上引导生活方式，例如武汉市由于大江大河大湖的地理条件，导致市民的行为和生活方式也随之改变，一般很少发生过江购物的行为，成为多中心城市。

　　另外一方面，从病因学角度来看，慢性疾病的病因暴露因素（Exposure Risk）除了熟知的大气污染之外，环境污染（噪声、土壤、水体等）和疾病病原，直接导致了健康损害；另外一个重要的危险因素就是行为（Behaviour），例如缺乏身体活动和不健康膳食以及城市生活方式带来的身心压力（Stress）是另外三个影响健康的重要因素。当然，慢性病本身就是健康影响因素长时间作用的结果，在慢性病的演化过程中时间是不可忽视的重要因素，但本研究聚焦于慢性病的空间影响因素，因此暂不分析时间因素。

　　慢性病复杂的疾病因果链中，往往存在各种不同的暴露（危险）因素。可能是许多危险因素共同作用引起一种疾病（如吸烟、高血压、高血脂易引发冠心病），也可能是一种因素与

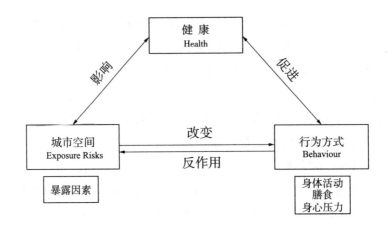

图 4-9　健康人居系统的暴露—行为 EBH 分析模型

资料来源：自绘

多种疾病有关（如吸烟与心脑血管疾病、肺癌等多种疾病都有关联）。随着认识的深入，学术界逐步形成"多病因说"或"多因多果病因说"。也就是说，慢性病这一健康结果与慢性病各种危险因素之间的关系，可以用"一因多果、一果多因、多因多果、互为因果"来概括。

　　如果将研究仅聚焦于城市空间因素，图 4-9 的 EBH 分析模型可以延伸为健康人居系统的 SBH 模型。城市空间细化为城市、社区、建筑三个层次，部分能直接导致病原、污染产生健康风险，部分能通过行为（Behviour）对健康产生影响，但行为因素作为中介因素并不能直接引发健康损害，这是一个长期的演化过程，经过长时间的暴露再加上性别、年龄、免疫力等人口因素和收入、地位等社会要素共同作用，最终导致慢性病等健康损害。该模型可以简称为健康人居系统的 S（Space，城市空间）—B（Behviour，行为）—H（Health，健康）因果联系模型，需要说明的是该模型未考虑时间因素的影响，仅仅只是一个时间断面模型（图 4-10）。

　　第 1 章第 1.2 节提到，健康的决定因素包括性别、年龄、遗传等人口因素，也包括生活方式、卫生保健以及环境因素（参见图 1-17）。城市空间因素，包括用地布局、道路交通、公共设施和景观以及建筑物室内环境能够直接导致人体暴露于病原微生物（细菌、病毒）和有毒有害物质（环境污染）的风险——强因果联系；也能通过改变生活方式（中介效应）间接影响导致慢性病的健康风险——弱因果联系，也就是前文提到过的身体活动不足、不健康膳食习惯以及身心压力。

　　个人的性别、年龄、遗传等因素对健康的影响更多属于医学范畴，社会环境包括意识形态、经济发展、个人收入、社会地位对健康的影响更多属于社会学研究范畴。本书研究的重点是城市空间因素（中介变量）通过间接方式对健康结果的影响，虽然这种因果联系已经被大多数人认知和熟悉，但联系比较微弱，而且很难去除年龄、性别、遗传以及自选择偏倚等干扰因素。同时因为研究伦理的关系，很难以人为对象设计受控的实验研究，特别是考虑到

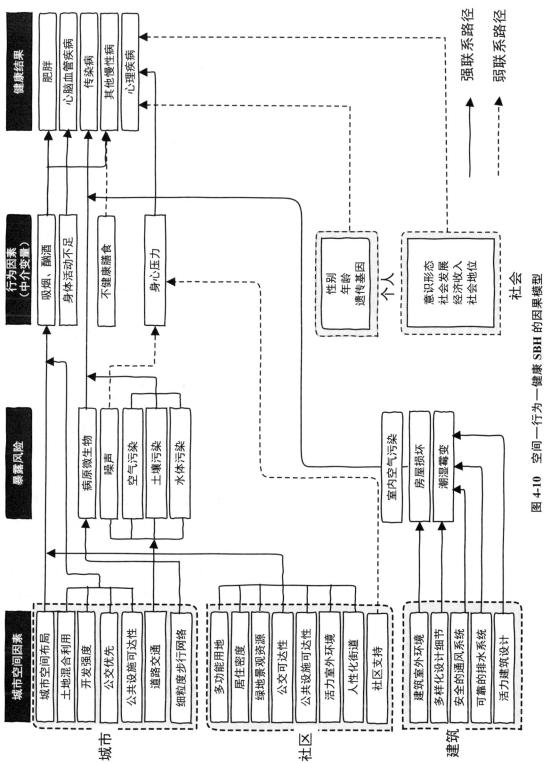

图 4-10　空间—行为—健康 SBH 的因果模型

资料来源：自绘

捕捉微弱(但重要)关联所需的大量实验,因此也很难被通常的研究方法所验证。

虽然在城市空间要素和健康效应之间建立因果关系显得相当困难,但这并不能成为我们可以忽视城市空间的健康效应的理由,因为我们每时每刻都生活在城市中,很难想象我们可以在一个忽视健康,处处都是污染的城市环境中生活一辈子。

随着人工智能和计算机模拟等研究工具的日新月异,先进的基于统计回归的技术,如多层次建模和离散回归,改进了早期的回归方法(线性、连续、单级等),并且可以通过大型的纵向时序研究识别空间和时间域中的多层次差异,对健康人居研究更为适合的面板数据是得出更强有力的因果结论的研究方向。

4.3.2 健康人居的城市空间影响因素

流行病学研究中把疾病的危险因素分为近端风险因素(Proximal Risk Factors)和远端风险因素(Distal Risk Factors)。近端风险因素指的是直接与健康结果相关联的因素,也就是医学生物学因素,包括遗传生理、行为因素,这些因素直接导致健康状况的改变。远端风险因素指的是间接影响健康结果的社会经济、卫生保健、城市管理等外围因素(图4-11)。[36]

从健康人居系统的个体层面来说,最基本的健康人居单元就是个人的健康位,包括个人的遗传基因、生活习惯和饮食方式以及社会经济地位。健康人居系统微观层面的居住环境,对应建筑设计和室内环境,这个层面上比较关注的是病原体暴露这个健康风险因素。健康人居系统中观的社区/邻里层面,对应小区规划和园林景观,这个层面主要关心的是社区环境是否能够促进步行和骑车等身体活动、促进健康饮食等生活方式以及舒缓身心压力。宏观的城市和区域层面,对应城乡规划和区域体系规划,这个层面主要关心的是环境污染这个健康风险因素(图4-12)。

由此可知,健康人居的城市空间因素可以划分为微观(建筑)、中观(邻里)和宏观(城市),人居环境因素影响人群的健康位,并通过系统机制传导,在时空演化机制下最终演变为个体的健康结果(Health Outcome)。

前文提到世卫组织的研究报告《健康人居的空间决定因素证据综述》提到,城市空间的健康决定因素为身体活动、社会和心理影响、空气质量、噪声暴露和意外伤害,城市空间对健康的主要影响因素为土地利用方式、交通、绿色空间和城市设计四个方面。[37]

Pineo H对全世界145个UHI城市健康指数(Urban Health Indicator, UHI)工具进行了荟萃分析[①],发现世界上8 006个城市健康指数指标中,有关建成环境的指标最多,达到3 351条(41.86%),其次是社会心理问题(30.84%)、健康服务问题(18.06%)和经济问题(9.24%)(图4-13)。[38]

---

① 系统综述和荟萃分析,简称PRISMA(Preferred reporting items for systematic review and meta-analysis),是循证医学组织柯克兰(Cochrane)网发布的一套荟萃分析采用的流程和标准,最新版本是2015版。

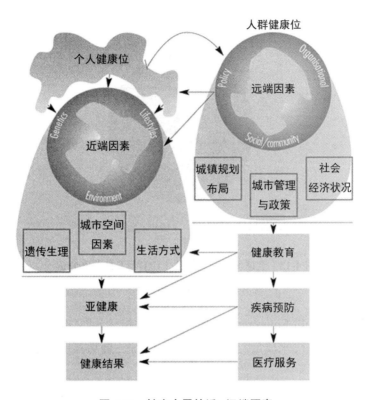

图 4-11　健康人居的近、远端因素

资料来源：参考 Evelyne de L. Evidence for Healthy Cities: reflections on practice, method and theory 改绘

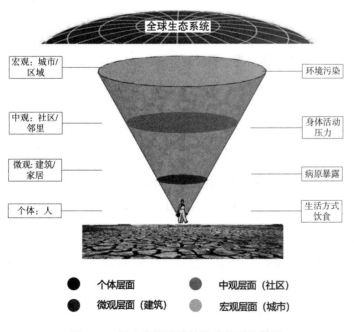

图 4-12　健康人居系统的健康位理论模型

资料来源：自绘

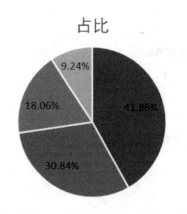

图 4-13　全球城市健康指数（UHI）工具荟萃分析

资料来源：根据 H. Pineo 论文绘制

　　"建成环境"指标（Built Environment）项目下，分项指标分布如图 4-14 所示，排在前十位的是交通、住房、空气质量、水质量、土地利用、公共设施、食品环境、城市设计、开放空间和自然环境。

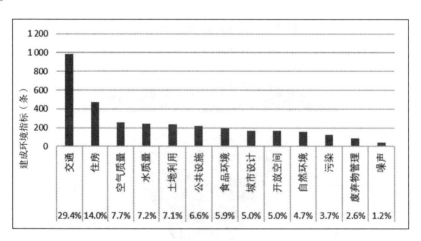

图 4-14　城市健康指数（UHI）建成环境指标

资料来源：根据 BRE 论文结果绘制

　　英国建筑研究院（BRE）在 2012—2018 年用 7 年时间开发了一套健康城市空间指标 BRE HCI（Healthy Cities Index）（表 4-2），排在前四位的是空气质量、食品获取、绿色基础设施、房屋和建筑。[39]

　　结合我国的实际情况，不宜将健康城市的指标要素定得过细。从城市管理上来说，我国城市土地均为国有，国土管理部门负责农村建设用地的审批，城市土地规划的修编和建设项目的审批权限在自然资源和规划局，土地利用、城市空间布局和土地使用强度均由规划部

表 4-2　BRE 健康城市指数的类别

序号	类别	序号	类别
1	Air Quality 空气质量	6	Noise Pollution 噪声污染
2	Food Access 食品获取	7	Resilience 弹性
3	Green Infrastructure 绿色基础设施	8	Safety and Security 安全
4	Housing and Buildings 房屋和建筑	9	Transport 交通
5	Leisure and Recreation 娱乐和休闲	10	Utilities and Services 设施和服务

资料来源：Pineo H., Promoting a healthy cities agenda through indicators：development of a global urban environment and health index.

门管理。同济大学王兰教授2016年提出影响健康的规划空间要素与世卫组织提出的类似，为土地使用、空间形态、道路交通、绿地和开放空间。笔者认为，世卫组织报告提出的四个健康的主要影响因素，即土地利用方式、道路交通网络、绿色开放空间和城市设计，其中土地利用方式是城市规划调节的核心因素，王兰提出的空间形态要素范围较窄，宜整合进城市设计，绿地景观资源可以整合进公共设施要素，另外微观的地块和建筑设计要素这二者均未提到。

综合考虑规划设计与城市管理指标因素的易用性（可操作性），笔者将影响健康的规划因素总结为5个类别共13个规划因素（表4-3）。

表 4-3　影响健康的规划因素

类　别	可量度指标	健康直接作用
城市规划	城市空间布局 土地利用混合度 开发强度（密度）	病原暴露/舒缓压力 促进身体活动 舒缓压力/促进身体活动
道路交通	公交可达性 道路宜步行性	促进身体活动 促进身体活动
公共服务设施	公共设施可达性 景观资源均等	促进身体活动 促进身体活动
城市设计	公共空间形态 活力街道 空间品质/宜步指数	病原暴露 舒缓压力/促进身体活动 舒缓压力/促进身体活动
地块和建筑设计	室外环境 建筑外观 建筑功能设计	消除病原/促进身体活动 促进身体活动 消除病原/促进身体活动

资料来源：自绘

4.4 健康人居的城市空间效应机制

人们对慢性病的认知随着科学的发展在不断发展,生物医学模式将疾病的病因归因到特定的病原,现代医学逐渐认识到很多疾病包括慢性病的病因并不是单一的。例如常见的慢性传染性疾病结核病,并不能将其简单视为由结核杆菌导致,结核病患病是由于多种综合性因素例如缺乏营养、居住环境拥挤、贫穷和遗传因素等导致身体免疫力降低,再暴露于结核菌,身体才会受到感染。也可以说,慢性病的病因机制与急性传染性疾病不同,除了暴露因素①之外,生活方式因素是慢性病的主要病因之一。

以机动车出行为主导的生活方式造就了现代城市的空间格局。例如北美和欧洲的城市形态都受到了工业革命带来的新技术的深刻影响,但是两地的城市形态如今却大相径庭,原因是两地的城市形态经历了不同的演变道路,北美城市人们出行以机动车为主,而欧洲城市的人们出行更倚重公共交通(图4-15)。[40]

反过来,城市空间也能够影响人们的生活方式,以方便小汽车出行为考量的城市规划极少考虑居民步行出行的需求,从而大大降低了人们步行的欲望。小汽车的便利性和高速公路、城市快速路的大规模建设使我们不再需要居住在工作地点附近,城市人口和就业岗位慢慢向郊区迁移,更好的教育医疗资源却集中于城市中心,这也导致人们更加依赖小汽车(图4-16)。

与其他健康相关的行为(如吸烟和酒精依赖)相比,日常出行可以说更多地受到城市设计的影响,但公共卫生的研究者还未引起重视。Aicher的《打造健康城市》[14]和Lopez的《建筑环境与公共健康》[23](2012年),忽略了身体活动对健康的影响,更多地倾向于空气污染、水和住房等因素以及环境的间接影响,如心理健康和社会经济状况。

城市生活方式产生的压力与心理健康的因果关系虽然并不直接,但也不容置疑。除此之外,身体活动似乎是不必证明因果关系就可以进行干预的健康因素,但和其他的健康挑战不同的是,缺乏身体活动的主要原因之一是被小汽车和计算机改变的人类的行为——人们越来越懒了。

城市空间的健康风险机制对应健康的三个维度:生理、心理和社会,可以总结归纳为城市空间产生和传播病原(生理维度),城市空间导致身心压力(心理维度)以及城市空间改变生活方式(社会维度),以下逐一分析。

---

① 暴露:流行病学队列研究中常用的术语,指能影响结局的各种因素,即研究对象所具有的与结局有关的特征或状态(如年龄、性别、职业、遗传、行为、生活方式等)或曾接触与结局有关的某因素(如病原微生物、重金属、环境因素等),这些特征、状态、因素等即为暴露因素。

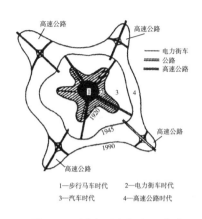

图 4-15　城市形态与交通方式

资料来源：顾朝林，等. 集聚与扩散：城市空间
结构新论

图 4-16　以机动车为主要出行方式的美国洛杉矶市

资料来源：网络

4.4.1　机制一：城市空间产生和传播病原（生理维度）

城市空间产生和传播病原进而影响人群健康是目前发现最早、了解最多、研究最为完备的城市空间健康风险机制。公共健康历史上的标志性事件是1854年伦敦霍乱大规模爆发，约翰·斯诺医生发现传染源头位于宽街的一个饮用水泵而非以前认为的空气源传染，进而成功控制了疫情。城市空间产生和传播病原这一致病机制因为发现得早并且研究、认识充分，已然被现代医学技术和人类发明的抗生素类药物所控制，危害已经不大，但针对比细菌更小的病毒至今人们还没有更好的办法，一些新的具有较强传染性的病原微生物还在不断涌现，例如AIDS病毒、SARS病毒和COVID-19病毒，仍然给人类造成了不小的麻烦和危害。病原也不仅仅是病菌、病毒等微生物，还包括过敏源和污染源。

综合来说，城市空间产生致病病原的途径可以分为三类(图4-17)。

城市空间和建筑空间的某些规划、设计不当之处，可能直接释放病原，例如病态建筑综合征，致病病原往往涉及"病原""过敏源"（Allergen）和"毒物"（Toxic）三类，可以是细菌、病毒等生物致病因素以及电磁辐射、放射性污染、噪声等物理致病因素，也可以是空气污染、有毒制剂等化学致病因素。既可能造成传染病也可能催生慢性病，还可能仅仅只是导致身体的变态反应(过敏)。

城市空间是病原快速扩散的通道，快速推进的都市化进程和发达便捷的交通淡化了新传染疾病的地区性，有利于病原微生物的传播和扩散。某些人类豢养的宠物成为病原的"宿主"也是重要的疾病传播机制。《科学》杂志2003年发表论文证实SARS病毒是从动物（蝙蝠）直接传给人类[41]，肆虐全球的2020新冠肺炎疫情也被中科院武汉病毒所等有关单位证明和蝙蝠、穿山甲等野生动物有关。[42]

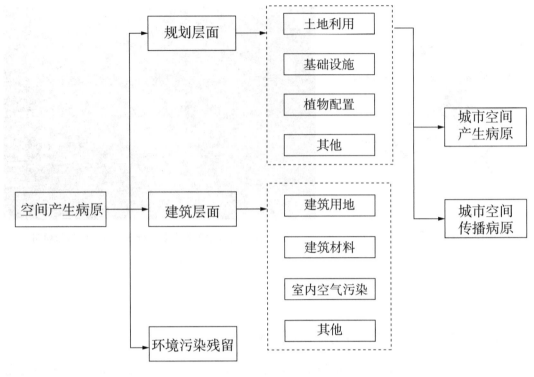

图4-17 城市空间产生病原的途径

资料来源：自绘

1）城乡规划导致的健康风险

城市土地利用、基础设施、植物配置等通过物理、生物和化学反应产生或者传播致病病原，影响空气、水和食物，进而使人生病。美国学者霍华德·弗鲁姆金（Howard Frumkin）等在《城市蔓延与公共健康：健康社区的设计、规划、建设》中，将城市空间对空气质量的影响归结为三个方面[43]：城市无序蔓延，不合理交通规划[44]引起的空气污染以及城市土地利用规划不合理（例如化工园区和排放量大的产业布局）带来的空气和水源污染（图4-18）。此外，社区设计亦可能影响到水环境，例如湿地公园对城市小区域水环境有改善[45-46]作用。此外，近几年来中国城市对"海绵城市"的研究和实践都走在世界前列（图4-19）。[47-48]城市的区域气候（热岛效应）也是城市空间影响微气候，进而影响人群健康的一个重要的研究方向。[49]有多位学者做了大量的研究工作，例如华中科技大学洪亮平、余庄等[50]对城市风道的研究，王振对城市社区层峡效应的研究[51]。

2）建筑环境导致的健康风险

建筑环境包括建筑的室内环境和室外环境，已经有越来越多的研究和证据证实建筑室内通风与气载传播疾病（Airborn Transimit Disease）有着不可分割的关系。香港大学李玉国

图 4-18 工业生产导致的大气污染

资料来源：网络

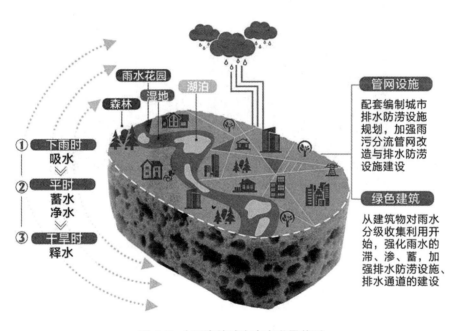

图 4-19 中国海绵城市走在世界前列

资料来源：李梅.四川日报.2016.05.25

教授研究团队2004年发表了关于SARS病毒在空气中传播的研究,他们通过计算流体动力学CFD方法,模拟了2003年香港淘大花园①由于地漏和排水系统设计不良造成SARS疫情

① 2003年非典流行期间,香港九龙湾淘大花园发生社区感染,最终导致321人感染,42人死亡,占香港感染总数的五分之一,成为非典时期著名的公共卫生事件。事后经专家分析得出事件的原因为"四高和二低",即楼高、人口密度高、公共系统利用系数高、疾病传染可能性高、采光率低、空气流通率低。

集中爆发(图4-20)的情形,总结了气载传播疾病通过空气传播的机制,确认了气流与建筑通风在呼吸系统疾病传播中的重要作用。[18]另外,建筑年久失修和潮湿会产生霉菌、军团菌等致病病原,建筑在建造过程中建筑材料和施工工艺也会产生致病病原或者是过敏源,通过建筑室内环境传播,导致变态反应或者其他疾病的发生。

20世纪80、90年代,在世界卫生组织的推动下,病态建筑综合征(Sick Building Syndrome, SBS)获得学者的关注和研究,WHO于1982年首次认定SBS,后来又在1989年重新修订了SBS的定义:"SBS为一种对室内环境的反应,大多数室内活动者的反应不能归因于某一明确的因素,例如对已知污染物或不良通风系统的过度暴露。这种症候群被假定为由若干暴露因素的多因素互相作用所引起,并涉及不同的反应机理。"

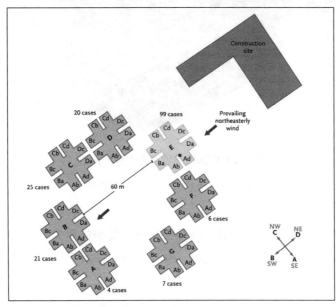

图4-20 香港淘大花园SARS病原传播路径分析

资料来源:Yu I, Li Y. Evidence of airbone transmission of the severe lacute respiratory syndrome virus.

世卫组织欧洲分部2010年的研究认为,建筑及其室内环境能够导致头晕、眼干、鼻塞、流涕、疲倦、恶心等一系列"非健康"状态以及心血管、高血压、关节炎、过敏症、哮喘症、咽喉病、抑郁症等相关疾病。[52]潮湿、采光、通风、热舒适、噪声、卫生设施、安全设计较差等建筑和环境因素是导致相关病态和病症的直接原因。

建筑室外环境的致病因素有存在环境污染残留的地块和场地的规划设计。室外环境设计中需要引起注意的是绿色植物和景观常常被认为是有益于人群健康,但过多的植物配置常常会导致过敏与哮喘,某些不恰当的树种和植物配置甚至有害健康。例如城市园林绿化中常见的漂亮的夹竹桃,就是一种带有极强毒性的植物,人畜误食能致死。美国学者托马斯·奥格伦(Thomas L. Ogren)提出了奥格伦植物过敏指数(OPALS),用于评估园艺和景观植物的潜在过敏可能性。[53]OPALS将植物按潜在过敏可能性分为1~10共计10个级别。

3）环境污染和毒素残留

中国近30年的粗放型经济高速发展,造成的环境污染累积和毒素经由食物进入人体造成人体中毒和生病是另一主要的致病途径。例如建筑用地中的氡(Rn)污染是除吸烟外引起肺癌的第二大原因。氡①是一种含有放射性的惰性气体,本身无色无味,易溶于水和油,同时具有极强的迁移活动性。美国国家安全委员会估计,每年有多达3万人死于氡污染。我国的氡污染问题也不容忽视,1994年对中国14座城市1 524个案例研究发现:居室和办公楼中每立方米的氡含量为6.8%,超过国家标准,其中氡含量最高的地方,其氡含量为国家标准的六倍,达到596贝克。所以施工前必须对土壤的氡浓度进行检查,根据氡浓度的高低采取治理措施,杜绝氡由土壤进入空气,影响居民健康。

另外某些建筑用地是"棕地",即长期受到工业生产活动影响的地块。工业企业在生产过程中会不断排出废水、废气、固体废弃物等,甚至引发污染事故,所以"棕地"的土壤中含有较高浓度的污染物,不光污染生态环境,还会污染水体,对居民健康具有潜在的危害。国外较早就开始研究"棕地"的污染物危害,一般认为需要对"棕地"进行修复以后才能使用。目前国内棕地修复的主要方法包括物理修复、化学修复、微生物修复及植物修复等(图4-21)。

这一城市空间产生病原的途径因为牵涉环境工程学、水处理、土壤修复技术等更为专业的内容,不在本研究的讨论范围之中。

综上所述,城市布局和土地利用规划可以影响城市污染源的分布,进而影响空气质量(污染物分布和浓度)和水环境;建筑用地存在致病的健康风险需要进行评估,某些情况下需要治理和修复;建筑室内空间的设计推动了致病病原的传播和扩散,容易导致疾病的大面

---

① 氡(Radon),化学元素,符号Rn。氡通常的单质形态为无色、无嗅、无味的惰性气体,但具有放射性。当人吸入体内后,氡发生衰变的α粒子可对呼吸系统造成辐射损伤,引发肺癌。建筑材料如花岗岩、砖砂、水泥及石膏之类,特别是含放射性元素的天然石材,最容易释出氡。

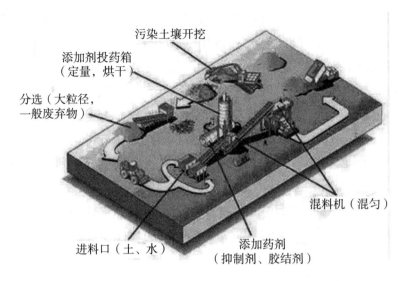

图 4-21 "棕地"修复技术

资料来源：咸集网. https://www.xianjichina.com/news/details_17472.html

积传播，在某些极端情况下，建筑本身也可能充当致病病原，例如空调管路、供水系统的不良设计造成的军团菌感染和过敏性哮喘等病态建筑综合征（SBS）。[54-55]

4.4.2 机制二：城市空间导致压力（心理维度）

1）慢性病的压力——病生机制

心脑血管疾病、恶性肿瘤、精神疾病等慢性病都具有多病因的特点，无法用还原论思维进行简单的线性研究。但心脑血管疾病、恶性肿瘤的发病因素中，都包含有心理紧张、被动吸烟、环境污染等心理和社会因素。现代社会工作节奏加快，人际关系广泛而复杂，精神心理紧张加强；另外突发事故、社会激烈竞争、个人家庭变故等突发事件都能造成心理不适，产生心身和精神疾病。

病原微生物致病机制已经无法解释慢性病的患病机制，因此借助系统和哲学思维形成新的理论解释模型，压力——病生机制（Pathogenic Mechanism Caused by Pressure）即其中之一，这也是当今临床医学科学研究的前沿问题。

机体在受到各种环境因素、社会和心理因素刺激时，出现的全身非特异性适应反应也称应激反应。人类面对压力（刺激）时，几乎所有的器官都会先后发生变化，直接表现就是血压升高、心率加快、呼吸加快、骨骼肌血管舒张、代谢旺盛、血糖升高，心血管、内分泌、免疫和胃肠道系统最先出现功能的改变，多种激素如儿茶酚胺、ACTH、糖皮质激素、催产素、催乳素和肾上腺素分泌，注意力高度集中为机体面对压力做好准备。如果机体长期处于应急状态，机体的种种反应就会逐渐变成病理性因素并且难以逆转，成为冠心病、高血压、糖尿病等常见慢性疾病的重要诱因。这已经被科学实证所证实。[56]

　　1958 年美国约翰·霍普金斯大学的行为心理学家约瑟夫·布雷迪（Joseph V. Brady），设计了一个著名的控制猴（Executive Monkeys）实验。为了测试到底是电击还是压力引起了猴子的胃溃疡，实验过程中把两只猴子分别放在各自的约束椅子上，每 20 秒电击一次，控制猴的约束椅有一个开关，可以关掉电击，而另一只猴子被捆住手，无法摆脱电击。电击前会发出声音警告，实验每天持续 6 个小时，23 天之后控制猴因为大面积的胃溃疡而死去。布雷迪尝试了各种时间组合以避免固定的时间间隔造成的条件反射，发现由于心理负担沉重，控制猴的胃似乎"在休息期间分泌了最多的酸性物质"，因而患上消化性溃疡（图 4-22）。但无法控制开关的猴子受到电击次数较多，反而相对健康。[57]因此布雷迪得出结论，猴子的胃溃疡显然不是因为电击，而是因为压力和精神紧张。

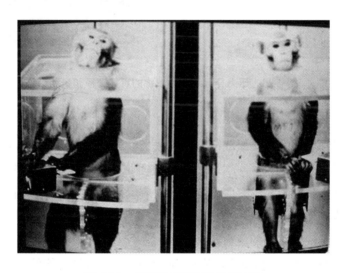

图 4-22　控制猴与消化性溃疡实验

资料来源：维基百科，https://en.wikipedia.org/wiki/Ulcers_in_Executive_Monkeys

　　压力（Stress，也叫应激），是生理、心理或环境的压力刺激（应激源）引起的人体精神层面上的反应进而导致生理上的平衡和机能失调的过程。适度的精神应激可以提高个体的警觉水平，激发机体活力。然而越来越多的证据表明，压力可以激活大脑以及周围区域的炎症反应[58]，严重的（或长期的）慢性压力导致身体和精神疾病（压力相关疾病）的风险增加。最常见的压力相关疾病也是最常见的慢性疾病（NCD），如心脑血管疾病（高血压和动脉粥样硬化等）、代谢性疾病（糖尿病和非酒精性脂肪肝）、精神病和神经退行性疾病（抑郁症、阿尔茨海默病和帕金森病）、癌症。[59]

　　压力对人体机能存在两方面的影响，一方面，良性的应激反应是机体的一种重要的防御适应反应，激发机体活力；但另一方面，长期的、明显超出个体适应范围的压力则成为压力性疾病(又名应激性疾病①),例如消化性溃疡(可能路径和机制见图4-23)的诱因或者对个体的心理以及社会适应产生不良影响,如吸毒、抑郁、自残等。

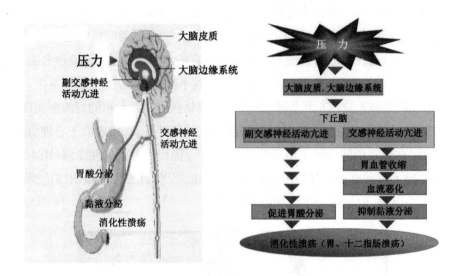

图4-23 压力导致消化性溃疡的可能路径和机制

资料来源:网络

慢性炎症是慢性疾病的重要组成部分。过去炎症通常被解释为机体对微生物入侵或组织损伤的反应。近年来,随着医学的发展,炎症途径已被认为是慢性病的关键机理,但应激源与其引发的各种疾病之间并没有明确的一一对应关系,医学上尚未完全了解其致病机制。第二军医大学蒋春雷等2017年的一项研究,指出压力与疾病之间存在非特异性机制,提出低活度慢性炎症是慢性病共同的压力致病机制。[60]

近年的医学研究证明,心脑血管疾病(高血压和冠心病等)可能的致病机制为超负荷或长期的压力通过激活交感神经系统,释放去甲肾上腺素(NE)和神经肽Y(NPY),这两种应激激素进一步促进蛋白激酶(MAPKs)的磷酸化或高迁移率族蛋白B1(HMGB1)的释放,从而诱发系统性炎症[白介素6(IL-6)和C反应蛋白(CRP)是系统性炎症的两个重要生物标志物,被认为是冠心病的指示性指标和潜在的预测指标],从而加速心脑血管疾病的发展。Kuo等人2014年的研究还证实生活中的压力会刺激不健康的食物选择,这些不健康的食物通常与肥胖、II型糖尿病、代谢综合征相关,压力会增加餐后甘油三酸酯的峰值并延迟脂质清除。[61]正如Mooy的研究所示,生活压力大和长期的心理压力,与II型糖尿病的患病率较高相关。[62]

---

① 应激性疾病(Stress Disease)包括患病率和死亡率居前、疾病负担重的恶性肿瘤、心脑血管疾病、营养代谢疾病(糖尿病、肥胖、脂肪肝等)、神经精神疾病(抑郁症、阿尔茨海默病等),与非传染性慢性病NCD的概念和内涵基本重叠。

　　总体来说,压力—病生机制的共同生物通路是压力(应激)导致的人体内稳态失衡,即压力通过激活交感神经系统(SNS)和下丘脑—垂体—肾上腺(HPA)轴引起多种神经化学、神经递质和激素改变,释放应激激素诱发中枢神经系统(小胶质细胞和星形胶质细胞)和周围炎症,导致血管、免疫系统和肝脏的损伤(图4-24),进而诱发或加重心脑血管疾病(高血压和动脉粥样硬化等)、代谢性疾病(糖尿病和非酒精性脂肪肝)、精神病和神经退行性疾病(抑郁症、阿尔茨海默病和帕金森病)、癌症。[63]

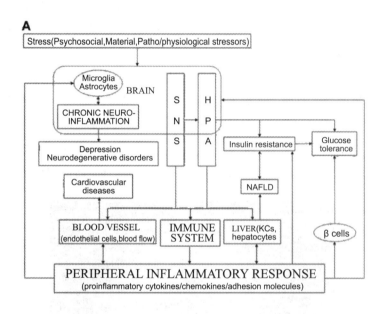

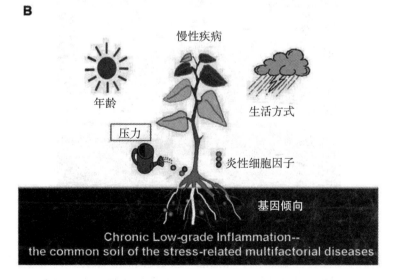

图 4-24　压力、炎症和压力相关疾病——压力诱导的炎症是多种慢性病的共同土壤

资料来源:Yun-Zi Liu,et al. Inflammation:The Common Pathwayof Stress-Related Diseases

2）城市空间导致精神压力

城市空间引起精神压力、影响心理健康的观念古已有之，不论古今中外均有大量关于"凶宅""禁地"的故事及传说就是这种观念最好的明证。例如传统的风水理论认为"天人合一、阴阳平衡、气场圆通"适于人居，居住于不符合风水要求的地方会使人心情压抑，进而导致疾病发生。西方也有很多类似的习俗和禁忌，例如对数字13和星期五的忌讳，在住宅设计中避免13层，酒店客房没有13号。禁忌（Tabu）来源于原始社会先民对于自然力量和超自然力量（鬼神）的畏惧和恐慌，弗洛伊德在《图腾与禁忌》一书中认为禁忌是先民希望通过自我约束将控制鬼神的神秘力量转化为"护己""顺己"的武器，从而避免因忤逆鬼神而可能招致的厄运和惩罚（图4-25）。[64]

原始的禁忌流传至今，很多都随着科学的发达而烟消云散，但其中有些符合现代思维或者与现代科学不谋而合的思想。例如人居环境或城市、景观、建筑的布局符合风水，即背山面水、负阴抱阳、阳光充足、雨水丰沛，居住于这种有山有水、绿树环绕的人居环境中能使人心理愉悦；反之与自然环境不相调和，则会使人产生恐惧、压抑等负面情绪，影响心理健康。一些形象难看、设计不佳的居住建筑也能使居住于此的人心理紧张，惶惶不可终日。

图4-25　西方影视中的凶宅

风水不是封建迷信，传统风水理论也叫"堪舆"，是一套融合了环境、地理、水文、气象以及城乡规划、建筑设计等诸多学科的理论。风水更不是装神弄鬼，郭中端、堀込宪二在《中国人の街づくり》一书中说："中国风水实际是地理学、气象学、生态学、规划学和建筑学的一种综合的自然科学。"[65]风水学说的主要理论来源《易经·系辞》第一章就开宗明义："方以类聚,物以群分,吉凶生矣。在天成象,在地成形,变化见矣。"

　　风水理论的核心来自中国几千年来的哲学和文化讲究的"天人合一,师法自然",比较重视人居环境与地理、气象、物候的对立统一。比如说重视建筑布局的背山、面水、向阳,重视建筑中的水口(收集和排放雨水之所在)和气口(门、窗等通风口),认为居室空间的高矮、大小、明暗都应该恰到好处,这些都与人的身心健康密切相关。住宅不可以建在洼地,容易发生自然灾害和次生灾害。居住建筑采光、通风、温度、湿度都很重要。风水理论中的"山环水抱必有气""曲径通幽""路剪房,见伤亡"等等,掀开其神秘外衣,其实背后都有科学道理,与其说是封建迷信,不如说是我国古代先民关于城市和建筑的选址、规划、设计和营建的经验总结,例如吉宅方位须要"负阴抱阳""背山面水""水要曲曲环抱,向合天地之道"等(图4-26)。风水之说蕴含着中国古代朴素的自然知识、哲学知识和审美意趣,几千年来塑造出中华大地千姿百态的城市和建筑。一方面我们认同其中的合理性与科学性,另一方面也要剔除封建迷信糟粕。

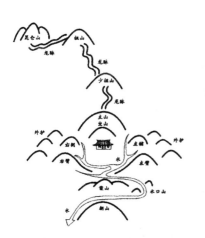

图4-26　负阴抱阳的吉宅方位和符合风水意向的传统古村落(江西婺源菊径村)

资料来源:网络

　　不妨分析一下蕴含其中的科学道理。中国位于北半球,欧亚大陆东部,太平洋西岸,季风气候明显,冬季吹寒冷的偏北风,夏季盛行偏南风。早在战国时期的《管子·乘马》中对城市选址就有了科学的判断:"凡立国都,非于大山之下,必于广川之上,高毋近旱而水用足,下毋近水而沟防省。因天材,就地利,故城郭不必中规矩,道路不必中准绳。"

　　也就是说,城市或建筑选址于背山面水、负阴抱阳的地方,好处很多:其一是地势高,交通便利,用水方便,也利于场地的排水排污,满足基本的卫生条件;其二是面南背北的良好朝向可以获得充分的日照,既可以在寒冷的冬天获得充足的日照,阻挡北方的寒流,又能在炎热的夏天迎纳夏季的凉风,避暑降温,可谓是一举多得。所以,背山面水、负阴抱阳,是一种符合科学精神的选择,而不是封建迷信(图4-27)。

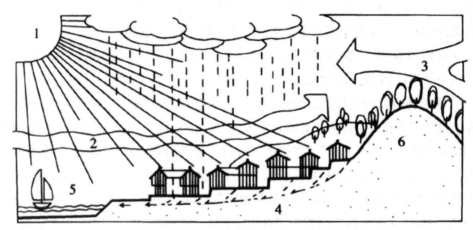

1.良好日照　2.迎纳夏季凉风　3.屏挡冬季寒流　4.良好排水排污
5.便于用水与交通　6.保持水土调节小气候

图 4-27　图解人居环境选址

资料来源：网络

反过来说，居住环境选址和设计不当也会造成压力进而影响健康。康奈尔大学Gary W. Evans 博士2003年对建成环境与心理健康的相关研究做了一一梳理，并把层数、拥挤、噪声、建筑装饰、室内布置、空气污染、阳光等因素列为与心理健康直接相关的因素。[66]2002年英国的一项研究显示，建筑形式、层数、私人花园和阳台、入口数量等都和抑郁症相关。[67]Scott C. Brown对患老年抑郁症所做的一项研究也认为建筑的特征和出入口的位置选择，甚至门、窗和过道的设计都和老年抑郁的发病率有关。[68]

香港岭南大学亚太老年学研究中心联合香港大学进行的一项研究发现，居住环境的压力会影响在香港市区居住的65岁及以上长者的心理健康和居住满足感，且不受他们经济地位和身体健康状况的影响。[69]国家住宅与居住环境工程研究中心曾于2007年10月至2008年10月间对北京的大型居住区进行了住区心理环境健康影响因素的实态调查，认为高密度、高层的住区空间环境可能导致抑郁、压抑等情绪的产生，高层居民产生压抑感的概率更高，并随着居住楼层的增加而增大。[70]李婧、陈天的论文《基于个体健康实证的居住空间重构及规划应用研究》通过住区规划布局分析、社会学因子影响、外部空间环境性能的研究，证实住区内健康设施的合理配置对住区居民的满意度和整体健康位有重要的作用。[71]

3）城市空间压力应激源分类

空间作为直接心理刺激源，是指某些城市空间直接扮演着引起居民心里不适和心理疾病的角色。当代人们居住和工作空间的物理环境、空间氛围、环境设计等存在易导致居民心理受刺激的部分，直接导致使用者短期不适和长期的心理不良，最终引起居民生理和心理上的疾病。

　　城市空间中的首要精神应激源是社会经济状况,例如贫富差距、社交情况、是否失业等等,也包括社区的等级标签、治安环境、不良的空间暗示、空间归属感弱等。精神应激源还包括空间的采光、噪声和温湿度等物理因素和尺度,拥挤程度(密度),色彩等规划和设计因素。宜人的色彩和空间尺度会让人从生理到心理都感到愉悦。英国心理学家戴维斯·哈尔彭经过多年研究,在《心理健康与建成环境:不仅仅是砖头和砂浆?》中提出了心理健康的经典环境压力源(Classical Environmental Stressors)为气候、温度、日照、采光和通风、空气污染、噪声等,社会环境压力源(Social Environment Stressors)为拥挤、犯罪恐惧和社区氛围等,他指出经典环境压力源与居住环境具有紧密而直接的联系,城市空间规划管理则影响社会压力源的分布和大小。[72]

　　笔者认为,城市空间压力应激源可以分为两类,即直接的压力应激源和间接的压力应激源(图4-28)。城市空间导致心理刺激的直接压力应激源包括三个方面。

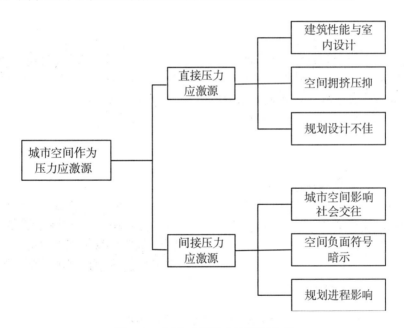

图 4-28　城市空间压力应激源分类

资料来源:自绘

　　其一是建筑性能尤其是室内环境设计,例如居室的日照、通风、温度和潮湿以及色彩、噪声、空气污染等,不仅关系到舒适度,还可能直接影响使用者的生理和心理健康。

　　其二是居住密度过高带来的拥挤,拥挤已成为现代生活的一种隐患,心理学专家警告说,有很多心理疾患与拥挤有关。加拿大滑铁卢大学的神经科学家 Colin Ellard 认为:"生活在城市对于人类来说是一种不自然的状态,人类最适合生存在大约100到150人的小团体中。"[73]人与人之间被迫贴近的感觉会产生心理上的压力,长期生活于拥挤、逼仄的空间会大大影响人们的心理健康。过于密切的社交距离不但会造成人的心理不适,也会增加传染病原传播扩散的健康风险。拥挤的生活条件会给人们带来压力,引起心理不适、不安,干扰睡眠或扰乱正常的家庭生活和社交活动。长此以往,就会危害个人的健康。

其三是不良的社区规划与建筑设计,尤其是牵涉社区的归属感和安全的设计,不良的社区规划甚至令居民产生犯罪恐惧。西方发达国家的经验表明,社区环境能够影响居民的心理健康。[74-75]这种影响称为"邻里效应",即人们所居住的社区环境可以影响其思考和行为的方式。俗话说"远亲不如近邻",人们普遍期望建立和谐的人际关系,社区环境能够直接或者间接地影响人们的健康行为和健康状况。

值得一提的还有奥斯卡·纽曼(Oscar Newman)提出的环境犯罪预防理论,即犯罪率的高低与建筑环境设计有很大的关系,换句话说,可以通过建筑和规划设计阻止犯罪的发生。[76]纽曼提出了可防卫空间,以及可防卫空间的三项特色:领域性、监控、象征性提示物(图4-29)。

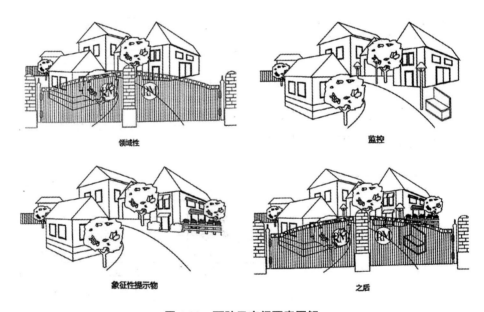

图 4-29　可防卫空间要素图解

资料来源:根据Oskar Newman. Defensible Space:crimeprevention through urban design 绘制

城市空间作为"间接的压力应激源",影响健康人居的机制则比较复杂。笔者梳理后认为城市空间作为间接的心理刺激源存在三种不同的表现形式。

其一是城市空间影响社会交往,该影响机制包括三个方面:一是邻里交往和社会网络促进心理健康信息的传播,二是参与社区组织或集体活动能够增强居民参与感,提升心理健康,三是管理良好的社区的居民更易获得物质和情感的支持,从而提高其心理健康的程度。例如缺乏公共空间尤其是绿色开放空间,居民缺乏与自然的接触机会,人类的亲自然性

(Biophlia)得不到纾解,会引起多种心理不适,也削弱了居民间的社会交往可能性,进而导致社会交往行为品质的下降和多种心理不适症状的产生;再比如社区周边的交通量过大,不仅会导致噪声,也会导致社区居民因为不方便而减少主动交谈和互动的频率。此外小区的住宅建筑和公共空间的布局方式也能够影响居民的社会活动和交往,例如,武汉工业大学陈铭副教授1992年在《建筑学报》上发表《住宅区外部空间的可居性与社会结构》一文,通过对武汉市两个居民小区的考察,认为中国传统的大院式单位居民区的外部空间要尽量避免视线监督,相反西方式的居民小区中,由于居民熟识程度较低,反而需要利用各家各户的视线监督作用作为安全保障(图4-30)。[77]

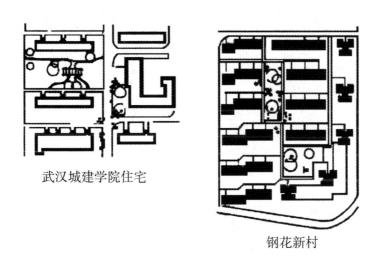

图 4-30　两个小区公共空间使用对比

资料来源:陈铭.住宅区外部空间的可居性与社会结构.1992

其二,某些类型的建筑和特定的城市空间存在不良甚至负面的符号,给人以情感的暗示和胁迫。例如由于规划部门考虑不周造成的居住分异①(例如被拆迁的香港九龙城寨)容易被贴上阶层标签(图4-31);美国东北部传统工业衰退的铁锈地带(Rust Belt),犯罪率高发,常常会给人不好的暗示;又或者某栋楼或者某地区非正常死亡或者犯罪的传言会让居住于此的人精神紧张并产生压力应激,严重的甚至会导致心理疾病。

其三则牵涉城乡规划和决策,例如全国大城市普遍存在的野蛮拆迁和摊大饼式的城市建设。城市野蛮的扩张方式会引发原有居民对新建区的排斥和对旧式社区温情邻里和城市空间的怀旧之情,进而引发心理不适甚至抑郁(图4-32)。

---

①　居住空间分异是一种居住现象,指一个城市中,不同特性的居民聚居在不同的空间范围内,形成一种居住分化甚至相互隔离的状况。在相对隔离的区域内,同质人群有着相似的社会特性,遵循共同的风俗习惯和共同认可的价值观,或保持着同一种亚文化;而在相互隔离的区域之间,则存在较大的差异性。

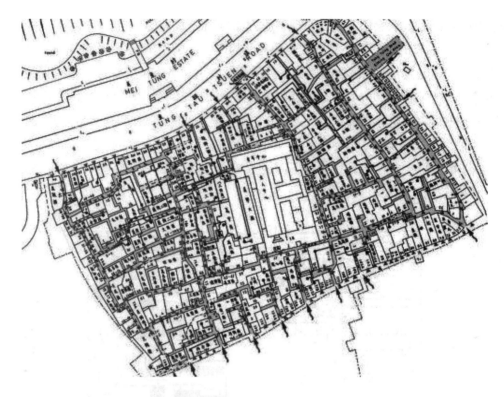

图 4-31　居住环境恶劣、密度高达 2 人 /m² 的香港九龙城寨（拆迁前）

资料来源：网络

图 4-32　拆迁是对原有社会结构的一种破坏，常常导致社会适应不良

资料来源：网络

值得注意的是，城市空间对心理健康的影响是双向的，也就是说城市空间不良的刺激可以导致人的心理不适和疾病[72]，也能通过良好的城市空间和建筑设计使人产生愉悦的心理体验。换句话说，可以通过健康导向的城市空间设计来引导和促进健康的生活方式，也可以通过优化和改善现有的不利于健康的城市设计来改善和鼓励健康的生活方式。

4.4.3　机制三：城市空间改变生活方式（社会维度）

城市空间导致生活方式的改变，是出现最晚、研究尚不完备，但是目前来讲又是最为重要的健康影响机制。主要的研究热点是身体活动和健康膳食地图。

身体活动促进健康是最近十多年健康人居领域的研究热点，也是率先在城市规划研究中获得大多数学者认可的一种理论机制，但仍有诸多的挑战需要面对。到目前为止，相关研究并不深入，缺乏强有力的数据支持。[78]

Jenine Harris 等人对 1986—2013 年之间的 2 764 篇身体活动与人居环境（Physical Activity and Built Environment, PABE）相关文献进行的荟萃分析显示，近 30 年间该领域的研究仍处于探索阶段。[79]主要的研究学者有 R. Ewing（犹他大学）、J. Sallis（加州圣迭戈大学）、R. Brownson（圣路易斯大学）、M. Papas（约翰·霍普金斯大学）, L. Frank（BC 省大学）、B. Giles-Corti（墨尔本大学）等，但核心理论尚未建立（图 4-33）。国内学者也得出了类似的结论。[80-82]

根据 Pineo 等人 2018 年的最新研究，健康人居领域的指标分为健康、宜居性、生活质量、福祉、身体活动/宜步性和复合指标等六个范围，这六个范围之间存在相当多的重叠（图 4-34）。在这其中，宜步性指标是一个新的指标，并且与其他指标存在明显差异，即人居环境指标在其中所占的比重最大，达到 75.1%，接近八成。宜步性指标可以说是身体活动在健康人居中的具体体现。[83]

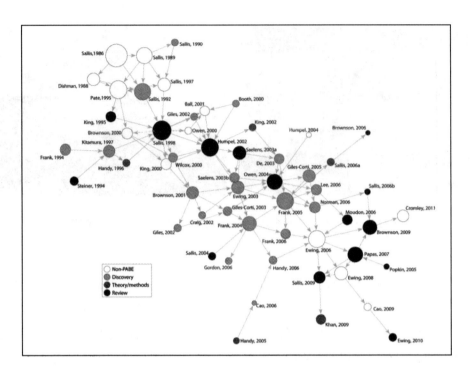

图 4-33　身体活动与人居环境研究领域核心文献荟萃分析

资料来源：Jenine Harris. Mapping the development of research on physical activity and the built environment. 2013

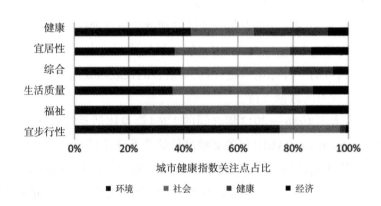

图 4-34　健康人居指标及涵盖范围

资料来源：Pineo Helon. Promoting a healthy cities agenda through indicators：development of a
global urban environment and health index

　　"汽车依赖"的出行方式改变了人们的生活方式，其根本原因在于汽车导向的城乡规划导致城市无序蔓延（City Sprawl），人们步行、慢跑、骑车等身体活动受限，诱导久坐、吸烟、酗酒、高热量饮食、晚睡、迟起等不良生活方式（图4-35），使得肥胖、心脑血管疾病、糖尿病、癌症等慢性病发病率激增。

图 4-35　不健康的生活方式

身体活动,包括体力劳动和体育运动,对健康有好处几乎是不需证明的公认的事实,身体活动可以增强机体的新陈代谢,从而加强身体和器官的功能,让身体充满活力,从而延缓衰老,增强体质。2019年发表在《美国预防医学杂志》上的一项研究表明,常规的中等强度到高强度的身体活动(MVPA)与较低的心脑血管疾病、某些癌症和过早死亡风险有关。即使是用轻度身体活动代替久坐不动,也能降低成年人过早死亡的风险。对于那些身体活动少的人来说,用身体活动代替半小时的坐着不动,死亡率降低近50%。[78]

城市空间中生活环境的变化,包括机动出行、缺乏活动空间等导致越来越少的人参与身体活动。2016年,WHO发布《健康城市全球报告2014》,据统计由于缺乏身体活动所导致的年均死亡人数是320万人。世界卫生组织推荐成年人平均每周身体活动150分钟,每天至少应进行30分钟中等强度的身体活动,但是研究发现全世界多达23%的成年人和81%的青少年缺乏足够的身体活动。1991年中国人成年人每周参与身体活动379 MET 小时[①],十年后这一数字下降了近50%,每周仅有190.3MET 小时,世卫组织估计到2030年,4 200多万中国人会因为身体活动不足而罹患糖尿病。[84]

城市空间改变生活方式健康影响机制可以归结为两个主要因素,即缺乏身体活动和不健康膳食(图4-36)。身体活动是以物质空间为载体的城乡规划、建筑学科介入健康人居系统的最重要的切入点。

---

①　MET是Metabolic Equivalent Time 的缩写,中文翻译过来是代谢当量时间,指运动时的代谢率与安静时代谢率的比值。1MET为每公斤体重每分钟消耗3.5毫升氧气,相当于一个人在安静状态下没有任何活动时每分钟氧气消耗量。MET用于表示各种活动的相对能量代谢水平,也是除了心率和自觉运动强度以外的另一种表示运动强度的方法。

图 4-36　城市空间改变生活方式，例如缺乏身体活动和不健康膳食

资料来源：网络

西方学者也证实，临近公园和其他娱乐场所与成年人较高的体育活动水平和较健康的体重状况相关。[83]最近一份包含46项研究成果的综合评价报告鉴别出建成环境属性与步行行为之间的关联[84]，其中最具一致性的发现就是生活在大都市地区的人比那些生活在较小城镇的人，久坐不动的时间更多。[85]高收入国家的大都市往往有着更广泛分布的公共交通基础设施，可以让更多居民减少私家车出行的时间。城市开放空间，或在开放的公共空间附近规划建筑物可以促进身体活动。附近有公园的人更有可能进行更高水平的体育锻炼。[86]

另外健康食品的获取也是相当重要的，Cummins S.等人对大格拉斯哥地区的57种食物的价格和可达（获得）性的调查表明，贫困地区的人们购买健康食品更贵、更困难，他们往往更在意食品的价格而不是健康与否，但较便宜的食物往往是高脂肪、高糖的不健康食品，研究认为这体现了食物不平等和社会剥夺①。[87]Handy S等认为附近或者社区内部的超市等新鲜食物售卖点有利于培养健康的饮食习惯。[88]

通过健康导向的城市空间设计可引导和促进健康的生活方式，也可以通过改善和去除现存的那些不利于健康的城市设计如土地混合利用，提供更多的绿地和休闲空间、增加健康食品供给等措施来改善和鼓励健康的生活方式。

---

① 社会剥夺（Social Deprivation），是社会学的一个重要概念，通常指个人、家庭或群体所在的社区处于缺乏食物、住房条件差，以及缺乏教育、就业、社会服务和参与机会等综合不利（Disadvantage）的状况。社会剥夺理论起源于西方，诺贝尔经济学奖获得者 Amartya Sen 认为"贫困是一个被侵占、被剥夺的过程"，贫困的原因是穷人应该享有的基本权利被系统性地剥夺，从而陷入贫困的恶性循环。

4.5　本章小结

本章探讨、分析健康的空间影响机制。人的健康来自遗传、行为和建成环境因素的多因素复杂交叉,使得因果路径难以证明。"健康位"作为健康人居系统理论模型的切入点,总结城市空间的健康风险:环境污染、病原暴露、生活方式、身心压力,借鉴流行病学理论,提出了慢性病的行为—暴露模型,城市空间—健康暴露—行为方式和健康结果之间的因果联系,用以拟合"人居环境"与健康之间的广尺度、多层次、多维度、复效应的时空演化模型,总结归纳了健康人居系统的多层次健康因子。然后探讨了健康人居系统的城市空间影响机制,即城市空间产生病原体机制、城市空间导致压力、城市空间改变生活方式三大机制,基于以上研究,提出了城市规划实现健康人居的三条路径,即(1)消除和减少城市空间潜在的致病风险,(2)通过环境设计缓解压力和紧张,(3)推动积极的生活方式。

本章参考文献

［1］ Bird C, Grant M. Bringing public health into built environment education［J］. CEBE Briefing Guide series, 2011(17).

［2］ Krieger N, Chen J T, Waterman P D, et al. Choosing area based socioeconomic measures to monitor social inequalities in low birth weight and childhood lead poisoning: The public health disparities geocoding project(US)［J］. Journal of Epidemiology and Community Health, 2003, 57(3): 186-199.

［3］ Ewing R, Meakins G, Hamidi S, et al. Relationship between urban sprawl and physical activity, obesity, and morbidity - Update and refinement［J］. Health & Place, 2014, (26): 118-126.

［4］ Grant M, Braubach M. Evidence review on the spatial determinants of health in urban settings.［C］// WHO, Urban Planning, Environment and Health: From Evidence to Policy Action, WHO Regional Office for Europe, 2010.

［5］ Wu S, Powers S, Zhu W, et al. Substantial contribution of extrinsic risk factors to cancer development［J］. Nature, 2016(529): 43-47.

［6］ Northridge M E, Sclar E D, Biswas P. Sorting out the connections between the built environment and health: A conceptual framework for navigating pathways and planning healthy cities［J］. Journal of Urban Health, 2003, 80(4): 556-568.

［7］ Nieuwenhuijsen M, Khreis H. Integrating human health into the urban development and transport planning agenda: A summary and final conclusions: a framework［M］. Berlin: Springer Press, 2019.

［8］ Xie H, Clements-Croome D, Wang Q. Move beyondgreen building : A focus on healthy, comfortable, sustainable and aesthetical architecture［J］. Intelligent Buildings International, 2016, 9(2): 88-96.

［9］ Sallis J F, Bull F, Burdett R, et al. Use of science to guide city planning policy and practice: how to achieve healthy and sustainable future cities［J］. The Lancet, 2016, 388(10062): 2936-2947.

［10］ Sripaiboonkij P, Chairut S, Bundukul A. Health effects and standard threshold shift among workers in a noisy working environment[J]. Health,2013,5(8):1247-1253.

[11] Choi J, Chun C, Sun Y, et al. Associations between building characteristics and children's allergic symptoms - A cross-sectional study on child's health and home in Seoul, South Korea[J]. Building and Environment,2014,75:176-181.

[12] Mendell M J. Indoor residential chemical emissions as risk factors for respiratory and allergic effects in children: a review[J]. Indoor Air,2007,17(4):259-277.

[13] McMichael A J. Prisoners of the proximate: Loosening the constraints on epidemiology in an age of change[J]. American Journal of Epidemiology,1999,149(10):887-897.

[14] Aicher J. Designing healthy cities: Prescriptions, principles, and practice[M]. Malabar: Krieger Pub Co,1998.

[15] Susser M, Susser E. Choosing a future for epidemiology: II. From black box to Chinese boxe[J]. American Journal of Public Health,1996,86(5):674-677.

[16] Diez Roux A V. Estimating neighborhood health effects: The challenges of causal inference in a complex world[J]. Social Science and Medicine,2004,58(10):1953-1960.

[17] WHO. 慢性病和健康促进[EB/OL].[2019-10-17]. https://www.who.int/chp/chronic_disease_report/part1/zh/index2.html.

[18] Yu I T, Li Y, Wong T W, et al. Evidence of airborne transmission of the severe acute respiratory syndrome virus[J]. New England Journal of Medicine,2004,350(17):1731-1739.

[19] 杨丽颖,陈平. 肺癌死亡率增加 冬季雾霾不容小觑[J]. 家庭医学(下半月),2018(1):50-51.

[20] 陈仁杰,陈秉衡,阚海东. 我国113个城市大气颗粒物污染的健康经济学评价[J]. 中国环境科学,2010,30(03):410-415.

[21] The Advisory, conciliation and arbitration service. promoting positive mental health at work[R]. London: ACAS, 2019.

[22] Gong P, Liang S, Carlton E J, et al. Urbanisation and health in China[J]. Lancet, 2012, 379(9818): 843-852.

[23] Lopez R. The Built Environment and Public Health[M]. San Francisco, CA: Jossey-Bass,2012.

[24] 世界卫生组织. 饮食、身体活动与健康全球战略[EB/OL].[2019-10-12]. https://www.who.int/dietphysicalactivity/pa/zh/.

[25] WHO. Global Action Plan on Physical Activity 2018-2030[R].2018.

[26] 世界卫生组织. 饮食、身体活动与健康全球战略[R].2012.

[27] 中国疾病预防控制中心. 中国慢性病及其危险因素监测报告2010[M]. 北京:军事医学科学出版社,2012.

[28] 武留信,朱玲,陈志恒,等. 中国健康管理与健康产业发展报告2018[M]. 北京:社会科学文献出版社,2020.

[29] Gilliland J A, Rangel C Y, Healy M A, et al. Linking childhood obesity to the built environment: a multi-level analysis of home and school neighbourhood factors associated with body mass index[J]. Canadian Journal of Public Health,2012,103(9 Suppl 3):S15-S21.

[30] Lane S, Keefe R, Rubinstein R, et al. Structural violence, urban retail food markets, and low birth weight[J]. Health & Place,2008,14(3):415-423.

[31] Reidpath D D, Burns C, Garrard J, et al. An ecological study of the relationship between social and environmental determinants of obesity[J]. Health & Place,2002,8(2):141-145.

［32］Kwate N O. Fried chicken and fresh apples：Racial segregation as a fundamental cause of fast food density in black neighborhoods［J］. Health & Place，2008，14(1)：32-44.

［33］Whelan A，Wrigley N，Warm D，et al. Life in a Food desert［J］. Urban Studies，2002，39(11)：2083-2100.

［34］Cummins S，Macintyre S. "Food deserts" --evidence and assumption in health policy making［J］. BMJ，2002，325(7361)：436-438.

［35］Wrigley N，Warm D，Margetts B. Deprivation，diet，and food-retail access：Findings from the Leeds 'Food deserts' study［J］. Environment and Planning A：Economy and Space，2003，35(1)：151-188.

［36］Evelyne de L. Evidence for healthy cities：reflections on practice，method and theory［J］. Health Promotion International，2009，24(Supplement 1)：i19-i36.

［37］Braubach M，Grant M. Evidence review on the spatial determinants of health in urban settings［R］. Bonn：WHO regional office for Europe，2010.

［38］Pineo H，Glonti K，Rutter H，et al. Urban health indicator tools of the physical environment：a systematic review［J］. Journal of urban health：bulletin of the New York Academy of Medicine，2018，95(5)：613-646.

［39］Pineo H，Glonti K，Rutter H，et al. Use of urban health indicator tools by built environment policy- and decision-makers：a systematic review and narrative synthesis［J］. Journal of urban health：bulletin of the New York Academy of Medicine，2019.

［40］顾朝林,甄峰,张京祥. 集聚与扩散：城市空间结构新论［M］. 南京：东南大学出版社,2000.

［41］Guan Y，Zheng B J，He Y Q，et al. Isolation and characterization of viruses related to the SARS coronavirus from animals in southern China［J］. Science，2003，302(5643)：276-278.

［42］Zhou P，Yang X，Wang X，et al. A pneumonia outbreak associated with a new coronavirus of probable bat origin［J］. Nature，2020，579(7798)：270-273.

［43］Frumkin H，Frank L，Jackson R. Urban sprawl and public health：designing，planning，building for healthy communities［M］. Montague，MI：Island Press，2004.

［44］Stevenson M，Thompson J，de Sá T H，et al. Land use，transport，and population health：estimating the health benefits of compact cities［J］. The Lancet，2016，388(10062)：2925-2935.

［45］吕咏,陈克林. 国内外湿地保护与利用案例分析及其对镜湖国家湿地公园生态旅游的启示［J］. 湿地科学,2006,4(4)：268-273.

［46］王向荣,林箐,沈实现. 湿地景观的恢复与营造：浙江绍兴镜湖国家城市湿地公园及启动区规划设计［J］. 风景园林,2006(4)：18-23.

［47］仇保兴. 海绵城市(LID)的内涵、途径与展望［J］. 建设科技,2015(1)：1-7.

［48］张庆辉,赵捷,朱晋,等. 中国城市湿地公园研究现状［J］. 湿地科学,2013,11(1)：129-135.

［49］Patz J A，Campbell-Lendrum D，Holloway T，et al. Impact of regional climate change on human health［J］. Nature，2005，408(7066)：310-317.

［50］洪亮平,余庄,李鹍,等. 夏热冬冷地区城市广义通风道规划探析：以武汉四新地区城市设计为例［J］. 中国园林,2011,27(2)：39-43.

［51］王振. 夏热冬冷地区基于城市微气候的街区层峡气候适应性设计策略研究［D］. 武汉：华中科技大学,2008.

［52］Ormandy D. Housing and health in Europe：The WHO LARES project［M］. 1st. London：Routledge，2009.

[53] Ogren T. Allergy-free gardening: The revolutionary guide to healthy landscaping[M]. Emeryville, CA: Ten Speed Press, 2000.

[54] Abdul-Wahab S. Sick building syndrome in public buildings and workplces[M]//clements-cromme D. The Interaction Between the Physical Environment and People. Berlin, Germany: Springer-Verlag, 2011.

[55] Yu C, Kim J T. Building environmental assessment schemes for rating of IAQ in sustainable buildings[J]. Indoor + built environment, 2011, 20(1): 5-15.

[56] Liu Y, Wang Y, Jiang C. Inflammation: The common pathway of stress-related diseases[J]. Frontiers in Human Neuroscience, 2017, 11.

[57] Wikipedia. Ulcers in Executive Monkeys[EB/OL]. [10.24]. https://en.wikipedia.org/wiki/Ulcers_in_Executive_Monkeys.

[58] Nicolas R. Stimulation of systemic low-grade inflammation by psychosocial stress[J]. Psychosomatic Medicine, 2014, 76(3): 181-189.

[59] Cohen S, Janickideverts D, Miller G E. Psychological stress and disease[J]. Jama, 2007, 298(14): 1685-1687.

[60] Liu Y, Wang Y, Jiang C. Inflammation: The common pathway of stress-related diseases[J]. Frontiers in Human Neuroscience, 2017, 11.

[61] Kuo L E, Czarnecka M, Kitlinska J B, et al. Chronic stress, combined with a high-fat/high-sugar diet, shifts sympathetic signaling toward neuropeptide Y and leads to obesity and the metabolic syndrome[J]. Annals of the New York academy of science, 2008, 1148(1): 232-237.

[62] Mooy J M, de Vries H, Grootenhuis P A, et al. Major stressful life events in relation to prevalence of undetected type 2 diabetes: the Hoorn Study[J]. Diabetes Care, 2000, 23: 197-201.

[63] Kiecolt-Glaser J K. Stress, food, and inflammation: psychoneuroimmunology and nutrition at the cutting edge[J]. Psychosom Med, 2010, 72: 365-369.

[64] 西格蒙德·弗洛伊德. 图腾与禁忌[M]. 北京: 中央编译出版社, 2009.

[65] 郭中端, 堀込憲二. 中国人の街づくり[M]. 镰仓: 相模书房, 1980.

[66] Evans G W, Wells N M, Moch A. Housing and mental health: A review of the evidence and a methodological and conceptual critique[J]. Journal of Social Issues, 2003, 59(3): 475-500.

[67] Weich S, Blanchard M, Prince M, et al. Mental health and the built environment: cross-sectional survey of individual and contextual risk factors for depression[J]. British Journal of Psychiatry the Journal of Mental Science, 2002, 180(9): 428-433.

[68] Brown S C, Mason C A, Lombard J L, et al. The relationship of built environment to perceived social support and psychological distress in hispanic elders: the role of "Eyes on the Street"[J]. The Journals of Gerontology Series B: Psychological Sciences and Social Sciences, 2009, 64B(2): 234-246.

[69] 贺劢. 给心安个家[J]. 建设科技, 2004(18): 18-19.

[70] 仲继寿, 赵旭, 于重重, 等. 居住建设健康影响实态调查研究[J]. 建筑学报, 2008(04): 10-13.

[71] 李婧, 陈天. 基于个体健康实证的居住空间重构及规划应用研究[J]. 城市发展研究, 2015, 22(05): 15-19.

[72] Halpern D. Mental health and the built environment: more than bricks and mortar?[M]. 1. London: Routledge, 1995.

[73] Ellard C. You are here: Why we can find our way to the moon, but get lost in the mall[M]. New York: Anchor Press, 2010.

[74] Leyden K. Neighborhoods, housing and health: Findings from the LARES study of eight European cities[J]. Epidemiology, 2006, 17(6): S339.

[75] Gomez M B, Carles M. Urban redevelopment and neighborhood health in East Baltimore, Maryland: The role of communitarian and institutional social capital[J]. Critical Public Health, 2010, 15(2): 83-102.

[76] Newman O. Defensible space[M]. New York: Macmillan Press, 1972.

[77] 陈铭. 住宅区外部空间的可居性与社会结构[J]. 建筑学报, 1992(4): 2-7.

[78] Rees-Punia E, Evans E M, Schmidt M D, et al. Mortality risk reductions for replacing sedentary time with physical activities[J]. American Journal of Preventive Medicine, 2019, 56(5): 736-741.

[79] Harris J, Lecy J, Parra D, et al. Mapping the development of research on physical activity and the built environment[J]. Preventive Medicine, 2013, 57(5): 533-540.

[80] 李孟飞. 城市建成环境健康性研究综述[J]. 北京联合大学学报, 2017, 31(4): 37-43.

[81] 孙斌栋, 阎宏, 张婷麟. 社区建成环境对健康的影响——基于居民个体超重的实证研究[J]. 地理学报, 2016, 71(10): 1721-1730.

[82] 刘伟, 杨剑, 陈开梅. 国际体力活动促进型建成环境研究的前沿与热点分析[J]. 首都体育学院学报, 2016, 28(5): 463-468.

[83] Pineo H, et al. Promoting a healthy cities agenda through indicators: development of a global urban environment and health index[J]. Cities & Health, 2018, 2(1): 27-45.

[84] WHO. Global action plan on physical activity 2018–2030: more active people for a healthier world[R]. 2018.

[85] Sugiyama T, Neuhaus M, Cole R, et al. Destination and route attributes associated with adults' walking[J]. Medicine & Science in Sports & Exercise, 2012, 44(7): 1275-1286.

[86] Giles-Corti B, Vernez-Moudon A, Reis R, et al. City planning and population health: a global challenge[J]. The Lancet, 2016, 388(10062): 2912-2924.

[87] Cummins S, Macintyre S. A systematic study of an urban foodscape: The price and availability of food in gGreater Glasgow[J]. Urban studies(Edinburgh, Scotland), 2002, 39(11): 2115-2130.

[88] Handy S, Clifton K. Planning and the Built Environment: Implications for Obesity Prevention[M]. Berkeley CA: Berkeley Electronic Press, 2007.

第5章 不同尺度的城市空间
健康效应研究

5.1 引 言

本章选取三个不同尺度的案例按照设定的理论框架进行健康复合效应分析,以验证和修正第4章提出的健康人居的城市空间影响机制。健康人居系统的复杂程度、研究尺度和范围不同,对应的规划因素也不尽相同,但均对应于系统的一般性和特殊性规律,并不影响结论的有效性。

案例选取的原则:根据第3章健康人居的健康位理论模型,分别选取具有代表性的宏观、中观、微观的健康人居系统。本研究的研究范围主要定位于宏观、中观尺度的健康人居系统,即区域—城市—社区这样一个尺度范围,也是城市空间规划、管控主要面对的研究对象。

宏观尺度选取中国境内省域范围的女性肺癌患病率作为研究对象,之所以选取这样一个研究对象,首先是因为肺癌是我国人群常见、高发的慢性病,而中国女性的肺癌患病率在世界上处于较高水平,与我国女性吸烟率低于世界水平的现状极不相称,除了大气污染因素之外,其中原因值得探讨。选取女性肺癌患病率数据可以相对摒除吸烟、酒精等干扰因素,聚焦于城市空间因素。其次,癌症也是老年性疾病,需要采用同一年龄结构构成作为标准进行标化;另外各地的经济发展和医疗科技发展水平并不一致,还存在地域差别,为了摒除登记点分布不均匀带来的选择性偏倚,采取中国省域范围的女性肺癌世界人口标化患病率数据作为研究对象[①]。

---

① 人口标化发病率是指去除年龄影响因素之后的发病率。年龄是癌症发生的一个重要影响因素,年龄越大,发病率就越高,因此需要采用同一年龄结构构成作为标准进行标化。如果采用某一年份的中国人口年龄结构构成进行标化后的为中标率,用世界标准人口年龄结构构成进行标化即为世标率。

　　中观尺度选取的是武汉市长江北岸××区高血压患病率数据。武汉市是全国中心城市,湖北省省会,在中国版图上居于天元位置,是中国中部的经济地理中心。××区作为武汉市13个中心城区之一,用地类型丰富,既有建筑密集、城市化水平较高的城市中心区,也有高速发展、日新月异的新城区,同时还有少量的耕地、林地(图5-1),具有极好的地域代表性。

图 5-1　研究范围以及社区网格

资料来源:上:公开资料　下:谷歌地图

我国居民常见慢性病中高血压最为常见,高血压也是多种慢性疾病的共同关联因素,因此本研究选取高血压患病率作为居民慢性病的代表。据2018年国家心脑血管疾病中心的统计,我国17～69岁的高血压患病率为23.2%,而70岁以上的老年人高血压患病率已经超过50%,失去统计意义。为尽量排除年龄因素的影响,研究摒弃了70岁以上的老年人数据。

微观尺度建筑层面的健康影响因素过于细致,而且具体到个人健康位空间,涉及医学研究伦理,无法预先设计以人为研究对象的实验;建筑空间的评估需要更为专业、更为复杂的研究工具和建筑环境评价技术,以及专业的检测设备和工具,限于时间、经费和技术原因,暂不作为重点研究对象,仅选取英国威尔士雷克瑟姆镇的CHARISMA建筑更新项目做了初步分析。该项目为威尔士政府为改善儿童呼吸系统慢性病而进行的建筑更新项目,因为经费原因分期进行,因而有条件进行对照研究,并且经过政府有关机构的评估,记录完备。

笔者在第6章健康人居设计策略中针对2020年的COVID-19疫情,对我国量大面广的高层单元式住宅的平面功能设计做了一点探索,详见第6章6.2.5第3)节分析,此处不赘述。

5.2 宏观：中国省域女性肺癌患病率研究

肺癌是发生于肺部的恶性肿瘤,以肺癌为代表的呼吸器官(气管、支气管以及肺)肿瘤是我国居民目前罹患的恶性肿瘤中主要恶性肿瘤之一[1],不管是男性还是女性,肺癌的发病率和死亡率均呈逐年上升趋势,国家癌症中心最新的统计,2014年全国男女合计和男性癌症死亡率第1位的均为肺癌,女性肺癌患病率已上升至全部癌症发病率的第2位(2018数据)。肺癌的发生是一个致病因素众多、病因复杂且多阶段发展的复杂过程。国际癌症研究机构(International Agency for Research on Cancer, IARC)2013年明确指出:室外空气污染为致癌物。[2]美国癌症协会(American Cancer Society, ACS)的研究指出,PM2.5每增加10μg/m³可使肺癌死亡率增高8%。[3]暨南大学医学院2018年所做的一项Meta分析收集了2006—2016年我国有关肺癌危险因素的相关研究,表明接触有毒有害物质、呼吸系统病史、吸烟和被动吸烟(二手烟)是肺癌发病的主要危险因素。[4]

我国男性15岁以上吸烟率为50.2%,女性吸烟率为2.8%,女性吸烟率远低于世界发达国家水平,但奇怪的是我国女性的肺癌患病率却处在世界较高水平,这提示除吸烟以外可能存在其他危险因素。[5]为聚焦于空间影响因素,尽量减少吸烟、酗酒等个人行为层面的肺癌风险因素的影响,本研究仅提取中国女性肺癌患病率作为研究对象。

5.2.1 研究数据和范围

本研究的女性肺癌发病数据来自国家癌症中心出版的《中国肿瘤登记年报2017》,该报告是2014年分布于我国的 339 个肿瘤登记点上报的数据,入选资料覆盖人口 288 243 347人,包括129个城市登记地区和210个农村登记地区。为消除地区间人口年龄构成不同的影响,选取世标率数据作为研究指标。

空气质量指数等级见表5-1。空气质量AQI分项指标包括细颗粒物PM2.5、可吸入颗粒物PM10、二氧化硫SO_2、一氧化碳CO、臭氧O_3、二氧化氮NO_2。我国于2014年首次监测74个重点城市PM2.5数据,2014年数据不稳定且数据量小。考虑到上述报告中登记的时间为诊断时间,滞后于实际发病时间,且2014—2015空气质量短期内趋于稳定,所以本研究选用国际环保组织绿色和平发布的《2015全国366个重点城市日均空气质量数据》,共计133 436条数据,每个省份取城市年均值作为城市空气质量指标。

表 5-1　空气质量等级

空气质量指数	空气质量等级
0-50	优
51-100	良
101-150	轻度污染
151-200	中度污染
201-300	重度污染
>300	严重污染

资料来源:根据《环境空气质量标准》(GB 3095-2012)绘制

城市建成环境指标选取工业烟粉尘排放量、城市建成区绿化覆盖率、万人公交车数量、人均道路面积、建成区人口密度等数据,来自《中国城市统计年鉴2015》,各省份2014年城市化率、人均收入等数据来自国家统计局公开数据。

用地强度指标来自2018年国土资源部公布的《全国各省市土地利用评价排名》报告,截至2016年底,全国国土开发强度①为7.02%。上海国土开发强度为36.89%,是全国平均水平的5.26倍,天津次之(34.77%),最低值为西藏(0.27%)。

5.2.2　假设和模型建构

城市空间布局对空气质量以及大气污染物分布具有较大的影响,城市空间要素的改变可以导致空气质量产生局部变化,进而影响呼吸健康[6],并且空间规划可影响空气污染分布

---

①　国土开发强度,是指建设用地总量占行政区域面积的比例,可以用容积率、建筑密度、建筑高度、绿地率等几项主要指标表示。2018《全国各省市土地利用评价排名》评价选取国土开发强度、城乡建设用地人口密度、建设用地地均GDP、建设用地地均固定资产投资、单位GDP增长消耗新增建设用地量、单位固定资产投资消耗新增建设用地量等6项关键指标进行统计测算。

和状态,影响气载疾病①在空间中传播的途径。[7-8]

已有研究表明,肺癌的主要风险因素来自自身遗传和生活习惯(吸烟),与空气质量和空气污染也有比较密切的关系。[9-11]现有研究提出了一些结论,例如城市工业产生的排放[12]以及室内空气污染[13]对人的身心健康尤其是呼吸健康不利;空气污染的元凶——细颗粒物PM2.5②和可吸入颗粒物PM10③与所有种类的肺癌显著相关,PM10含量每增加10 μg/m³,肺癌患病风险增加22%[14],PM2.5含量每增加10 μg/m³会使总死亡率、心脑血管疾病死亡率和肺癌死亡率分别增高4%、6%和8%[13];一项针对中国农村的研究认为,农村居住环境对于肺癌是一种保护性因素[5],这也许和居住密度过大产生的患病危险性有某种程度的联系;临近交通流量大的道路,会受到噪声和空气污染的威胁,会导致心脑血管疾病,也不利于呼吸健康[15-16];绿地景观和水体,不仅仅能提高地区的宜步指数,而且能够吸收大气污染物,绿化较好的区域呼吸系统疾病的患病率也明显低于绿化较差的区域,因此绿化对人群呼吸健康产生显著影响[17-18];除此之外,室内空气质量也能极大地影响人群的呼吸健康[13, 19]。另外,西方学者研究认为社会经济地位也会对呼吸健康产生影响。[12,20]

基于第四章确定的健康人居因子量表,宏观(城市)层级因子包括土地利用、大气/环境污染、绿地景观、道路交通、公共设施可达性、公交可达性、社会经济状况等,本研究选取了土地开发强度(对应土地利用因子)、工业烟粉尘排放量、空气质量指数(对应大气/环境污染因子)、城市建成区绿化覆盖率(对应绿地/开放空间因子)、人均城市道路面积(对应道路交通因子)、城市化率(对应公共设施可达性因子)、每万人公交车辆数(对应公交可达性因子)、人口密度(对应人口密度因子)作为自变量,各省份女性肺癌世标发病率为因变量,另外选取人均收入作为协变量建构人居空间与呼吸健康定量关系模型(图5-2)。

5.2.3 研究方法

1)数据预处理

将《中国肿瘤登记年报2017》中分布于全国 339 个肿瘤登记点的中国女性肺癌患病世标率,与全国各地区的AQI空气质量数据(包括各分项指标数据)全部导入Excel之后(图

---

① 气载疾病(Airborne Spread Disease),指的是通过空气传播的传染病。它们可能具有威胁性,因为它们可以通过空气传播给任何人。这些疾病会通过灰尘颗粒传播,或者通过打喷嚏、咳嗽,甚至说笑等方式在空气中传播。与患有空气传播疾病的人或只是携带这种疾病的人密切接触可能被感染。

② 细颗粒物是指直径小于或等于 2.5 微米的颗粒物。与较粗的大气颗粒物(PM10)相比,PM2.5粒径小、面积大,活性强,易附带有毒、有害物质(例如重金属、微生物等),在大气中的停留时间长,输送距离远,2 微米以下的细颗粒物可 100%深入到细支气管和肺泡,因而对人体健康和大气环境质量的影响更大。

③ 可吸入颗粒物,通常是指粒径在 10 微米以下的颗粒物,又称PM10。可吸入颗粒物在环境空气中持续的时间很长,对人体健康和大气能见度的影响都很大。通常来自工地扬尘、水泥路面扬尘和材料的碾磨处理过程。可吸入颗粒物被人吸入后,会积累在呼吸系统中,引发许多疾病,对人类危害很大。

5-2），发现AQI指数与PM2.5、PM10有很强的关联趋势，与其他空气质量控制指标之间也有一定的关联趋势（图5-3、图5-4）。

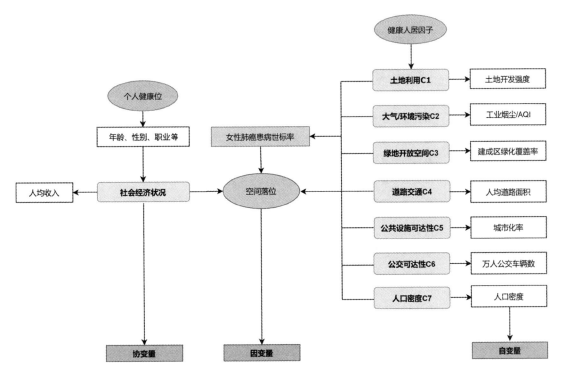

图 5-2　人居空间与呼吸健康定量关系模型

资料来源：自绘

为排除变量共线性的影响，将数据导入到SPSS 22.0，以女性肺癌患病率为因变量，空气质量控制指标数值为预测变量，经过建模试算得到如下结果（表5-2、表5-3）。

模型运算结果发现空气质量对女性肺癌患病率的解释性较强，调整R方值达到0.412，显著性检验P值<0.01，拒绝零假设，也就是说各地区的女性肺癌患病率与空气质量之间具有很强的相关性。但同时也发现数据之间共线性较严重，AQI指数与PM2.5、PM10之间的方差膨胀系数（Variance Inflation Factor, VIF）均大于10，只能保留1个，需剔除另外2个，考虑到PM2.5颗粒物能深入肺泡，危害更大也更为人们所熟知，故保留PM2.5数据。其他几个变量P值均大于0.05阈值，也予以剔除。这样空气质量变量只保留PM2.5，变量更具有代表性。

另外因为工业烟粉尘排放、人均收入、建成区人口密度等数据计数过于庞大，与其他指标有数量级的差异，因此分别对其取对数做归一化处理。

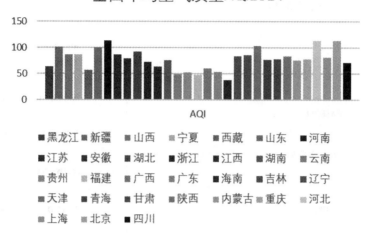

图 5-3　2014 年全国年均空气质量（限中国大陆地区）

资料来源：自绘

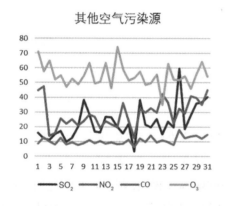

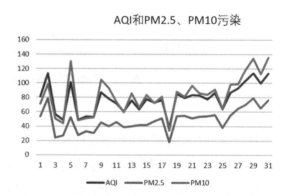

图 5-4　AQI 指数与其他监测指标关联趋势

资料来源：自绘

表 5-2　多元回归模型摘要

模型	R	R^2	调整后的 R^2	标准估算的错误	模型摘要		
					回归	残差	显著性
1	0.741[a]	0.549	0.412	128.513	462 727.201	379 858.260	0.005[b]

a. 预测变量：NO_2、O_3、SO_2、CO、PM10、PM2.5　b. 因变量：女性发病世标率

表 **5-3**　多元回归模型系数

模型	非标准化系数	标准系数		t	显著性	共线性统计	
	B	标准错误	贝塔			容许	VIF
（常量）	3.722	215.692	—	0.017	0.986	—	—
AQI	-30.448	10.463	-3.599	-2.910	0.008	0.013	78.032
PM2.5	30.009	7.895	2.791	3.801	0.001	0.036	27.507
PM10	9.509	4.544	1.500	2.093	0.048	0.038	26.221
SO$_2$	4.908	3.073	0.334	1.597	0.124	0.449	2.225
CO	-17.607	15.911	-0.272	-1.107	0.280	0.325	3.079
O$_3$	8.827	4.338	0.418	2.035	0.054	0.465	2.151
NO$_2$	-3.967	5.151	-0.222	-0.770	0.449	0.236	4.236

（表左侧"1"为模型序号，对应 SO$_2$、CO、O$_3$、NO$_2$ 各行之间位置）

资料来源：自绘

2）探索性空间数据分析

Arcgis 的探索性回归（Exploratory Regression）[①]是一种数据挖掘工具，以便了解哪些模型可以通过所有必要的 OLS 诊断。利用探索性回归工具可以对所有的自变量的组合进行穷尽性分析，查找复合设定条件并且对模型因变量解释性最好的普通最小二乘法（Ordinary Least Square，OLS）模型[②]，以此确定影响因素是否显著和影响程度大小。使用探索性回归工具比只根据校正 R^2 值来评估模型性能的其他探索性回归方法更具优势。探索性回归工具将寻找通过上述所有 OLS 诊断的模型。通过评估候选解释变量的所有可能组合，可以大大增加找到最佳模型的机会。仅当找到一个满足可接受的最小校正 R 平方、最大系数 p 值、最大 VIF 值和可接受的最小 Jarque Bera 阈值条件的模型，对模型残差运行空间自相关（Global Moran's I）工具，以了解偏低、偏高预计值是否会产生聚集。

5.2.4　中国女性肺癌患病率的特征

1）中国女性肺癌发生率的统计学特征

经过数据预处理以及统计和分析，得到中国女性肺癌患病率与空气质量等人居环境

---

① Arcgis10.2 的探索性回归工具会对输入的候选解释变量的所有可能组合进行评估，以便根据用户所指定的指标来查找能够对因变量做出最好解释的 OLS 模型。此工具主要输出是一个写入结果窗口的报表文件和一个文本报表文件，还会生成一个可选表，该表包括所有满足最大系数 p 值边界和方差膨胀因子（VIF）值条件的模型。此工具使用的是普通最小二乘法（OLS）和空间自相关（Global Moran's I）。

② 线性回归模型的求解方法用得最多的就是最小二乘法（又称最小平方法），是通过最小化误差的平方原则寻找数据的最佳函数匹配，利用最小二乘法可以简便地求得和估算模型系数，并与实际数据之间的误差为最小。

因素的关系(参见书后"附录"),作为下一步分析的基础。可以看出,女性肺癌患病率全国平均值为171.06,男性肺癌患病率为360.72,男性肺癌患病率为女性肺癌患病率的2.1倍。2014年中国女性肺癌患病率最高的五个省份分别是山东、河北、辽宁、河南、安徽,男性肺癌患病率最高的五个省份分别是山东、河北、河南、江西、辽宁。值得注意的是,我们发现辽宁省的女性发病率与男性发病率存在不一致现象,女性肺癌患病率(第3)在排序上超过了男性(第6)(图5-5,表5-4)。

表5-4　中国女性肺癌发病世标率(前五)与男性比较

名称	女发病世标率	排序	男发病世标率	排序
山东	596.17	1	1081.74	1
河北	593.83	2	1024.68	2
辽宁	439.11	3	753.35	6
河南	425.08	4	958.94	3
安徽	328.62	5	856.81	4
江西	326.19	6	848.68	5

资料来源:自绘

2)中国女性肺癌发生率的空间分布特征

根据2014年中国男性肺癌患病率和女性肺癌患病率的空间分布研究结果,可以看出,女性肺癌的高发地区与男性肺癌高发地区基本一致,主要分布于山东、河北、辽宁、河南、安徽、江西等几个省份,并且集中于山东半岛和环渤海区域(京、津地区除外),存在明显的空间聚集趋势。

将作为预测变量的空气质量指数、人口密度、城镇化率、人均道路面积、万人公交车辆数等城市空间因素导入Arcgis10.2软件,经计算和可视化后可以看出,预测变量空气质量指数(包括AQI值、PM2.5,PM10)与女性肺癌患病率存在类似的空间分布聚集趋势,提示我们空气质量指数可能是中国女性肺癌患病率的重要影响因素。

经过Arcgis软件计算,其他预测变量(绿化率覆盖率、城镇化率、土地开发强度、人均道路面积、万人公交车辆指数)的空间分布也可以比较直观地反映,但空间分布趋势略有不同,各预测变量与中国女性肺癌患病率之间究竟存在何种联系尚需要进一步研究。

5.2.5　探索性回归分析

将数据导入到Arcgis10.2软件,利用空间统计菜单下面的空间关系建模数据包中的探索性回归工具(图5-6),女性肺癌患病率作为因变量,解释变量选择PM2.5、建成区绿化覆盖率、城镇化率、开发强度、人均道路面积、万人公交车辆数、人口密度对数值、烟粉尘排放对数值、人均收入对数值。

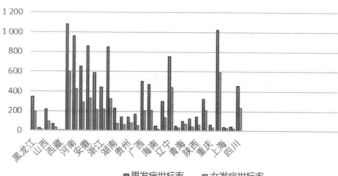

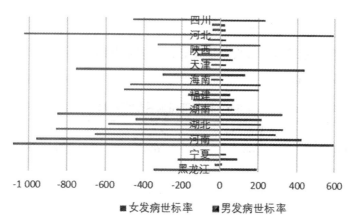

图 5-5　男女肺癌患病率分省统计

资料来源：自绘

图 5-6　Arcgis 10.2 探索回归工具运行窗口

资料来源：自绘

探索性回归方程的搜索阈值设定如表5-5,运算后得到探索性回归全局汇总表(表5-5),可以看到计算模型466个,100%通过VIF检验阈值,通过雅克贝拉(Jarque-Bera)检验的模型达87.77%,通过模型空间自相关Moran's I值检验的有21个模型,通过模型显著性阈值(95%置信率)的有4个。

表 5-5 探索性回归搜索阈值和通过比率

搜索条件	中断	试用	已通过	百分比 /%
最小校正R平方	>0.3	466	251	53.86
最大系数p值	<0.05	466	4	0.86
最大VIF值	<7.5	466	466	100
Jarque-Berap值	>0.1	466	409	87.77
最小空间自相关p值	>0.5	22	21	95.45

资料来源:自绘

为方便判读,笔者将回归变量绘制了显著性和多重共线性汇总表(表5-6)。影响方向为正记为+,影响方向为负记为-。

表 5-6 回归变量显著性汇总表

变量	显著性 / %	+ / %	- / %	VIF
工业排放值(对数)	100	100	0	2.80
PM2.5	49.39	99.6	0.4	2.85
城市化率	18.62	1.21	98.79	1.21
绿化覆盖率	17.81	100	0	1.69
开发强度	16.19	87.45	12.55	5.41
万人公交数	2.83	32.39	67.61	2.13
人均道路面积	1.62	93.12	6.88	2.90
人口密度(对数)	1.21	14.57	85.43	4.15
人均收入(对数)	0	51.82	48.18	7.00

资料来源:自绘

从表5-6可以看出,解释变量的VIF值均小于7.5的阈值,说明选取的解释变量不存在明显的共线性,各解释变量的显著性从高到低分别为:工业排放值(+)、PM2.5(+)、城镇化率(-)、建成区绿化覆盖率(+)、土地开发强度(+),而万人公交车辆数、人均道路面积、人口密度、人均收入指标不显著。

5.2.6 结果

通过全部设定条件的模型有两个,模型1(纳入3个变量)和模型2(纳入5个变量)。其余模型未能通过全部设定条件检验阈值(表5-7,表5-8)。

表 5-7　通过全部设定条件检验模型的各项指标

	AdjR^2	AICc	JB	K(BP)	MaxVIF	SA
1	0.44	395.45	0.36	0.33	2.52	0.3
2	0.56	392.52	0.67	0.22	2.79	0.5

变量缩写：AdjR^2 为校正 R 平方系数；AIC 为赤池信息量准则；JB 为 Jarque-Bera p 值；K(BP) 为 Koenker(BP) 统计量 p 值；VIF 为最大方差膨胀因子；SA 为全局 Moran's I p 值

资料来源：自绘

表 5-8　通过检验的模型变量

模　型	变量 1	变量 2	变量 3	变量 4	变量 5
1	-URBAN**	+INTENSITY**	+LG_FROG***		
2	+GREEN**	-URBAN***	+INTENSITY***	-LG_POP**	+LG_FROG***

变量符号(+/-)；变量显著性(* = 0.10, ** = 0.05, *** = 0.01)

资料来源：自绘

模型 2 纳入了工业排放值(+***)、城镇化率(-***)、开发强度(+***)、人口密度(-**)、建成区绿化覆盖率(+**)等 5 个解释变量，模型 2 的调整 R 方系数[①]达到 0.56，比模型 1 的调整 R 方系数 0.44 要大不少，表明模型 2 的回归方程能够解释 56% 的因变量的变化，而且模型 2 的赤池信息准则系数[②]AIC 值 392.52 也比模型 1 的 AIC 值 395.45 要小，模型效果优于模型 1。

5.2.7　讨论

第一，从工业排放值和 PM2.5 为代表的大气细颗粒物污染两项指标可以得出结论，研究结果支持现有的理论假设，即空气污染程度与中国女性肺癌患病率存在比较强的关联关系。说明以空气颗粒物为代表的大气污染的确给人们的呼吸健康带来了非常负面的影响，大气环境事关人民群众根本利益，雾霾必须加以治理。

第二，城镇化率、人口密度与中国女性肺癌患病率负相关，换句话说，乡村地区(人口密度较低)对于肺癌是一个保护因素。

第三，用地强度指标(容积率)与肺癌患病率也是正相关，也就是说用地强度过高不利于

①　多重 R 平方系数(Multiple R-Squared)：其意义是实际值和预测值之间的相关系数的平方。该指标用于衡量整个回归模型的性能，通常它会与 Adjusted R-Squared(校正 R 平方系数)一起用。校正 R 平方系数通常比多重 R 平方系数稍微低一些，对模型的性能评估也更加准确一些。

②　赤池信息量准则(Akaike information criterion，简称 AIC)，是衡量统计模型拟合优良性的一种标准，由日本统计学家赤池弘次创立和发展。赤池信息量准则建立在熵的概念基础上，可以权衡所估计模型的复杂度和此模型拟合数据的优良性。一般来说，AIC 值小的模型优于 AIC 值大的模型。

身体健康,这一点与现有理论的观点存在差异。西方一些学者认为,高密度的建成环境意味着目的地和出发地之间的距离较短,人们趋向于选择步行或者自行车出行。然而,西方学者也承认并没有明确的证据指出特定的密度阈值一定会促进绿色出行,有些学者甚至认为密度只是一个潜变量或者是通过其他的变量起作用。亚洲城市土地使用强度普遍较高,尤其是在中国,可以说是一个较为普遍的现象,高密度城市环境是中国城市的常态,反映在地图上就是低密度斑块比较稀缺,和西方国家地广人稀的城市语境有根本的不同。中国城市土地使用强度相对于西方都是高强度利用,只有强度的高低,并无本质的不同。

用地强度过高,说明用地区域内建筑密度大,高层建筑较多,生活较为方便,但建筑用地占用了大量的土地,挤压了绿化和公共空间,人居环境拥挤不堪,而拥挤已经被证实是产生压力导致慢性疾病的重要人居环境因素;同时高强度的土地使用也会造成该区域交通流量偏大,由此而产生的噪声和空气污染也很大。

西方国家城市建筑和人口密度都很低,提高土地利用强度的确可以收到鼓励绿色出行、促进身体活动的效果。但如果放在普遍高密度的中国城市语境下,再加上网络发达,近几年外卖、快递服务的兴起,生活方便反而会成为阻碍人们出门的理由,足不出户、不爱运动、面色苍白的"宅男"已经不是个别现象了(图5-7),并且由于移动网络社交的兴起,人们连面对面交往的兴趣也降低了。

图 5-7　宅男族和手机族

资料来源:网络

世卫组织2019年发表的一份基于2001年至2016年之间对146个国家/地区的大约160万名11至17岁学生的调查数据指出,有多达81%的青少年没有达到每天至少进行一个小时体育锻炼的标准。专家解释称,电子屏幕逐渐占据青少年的生活时间,日常锻炼被刷手机所替代,导致运动不足。尤其是对于青春期女孩,这种情况更加令人担忧,全世界只有15%的女孩进行了规定量的体育锻炼,而男孩的比例为22%。

第四,研究还得出了一个与现有假设存在差异的结论,即绿地率指标与女性肺癌患病率存在正相关,即城市建成区绿化覆盖率越高,女性肺癌患病率也越高,这与大众的普遍认知也存在一定的差异。

　　这可能有两方面的可能性。其一，绿地数量与健康结果之间的关系并不明显。英国
2017 年的一项研究表明，低收入区的绿地可达性不高且质量较差，这些地区的健康状况也
往往比平均水平差。原因可能是劣质绿地虽然数量众多，但却不足以抵消低收入人口的健
康不平等问题，或者劣质的绿地实际上对健康有害。[21] 荷兰的一项研究也表明，生活环境中
的绿地数量与身体活动之间并无明显的联系，居住环境中拥有较多绿地的人，在园艺上花费
更多的时间，反而导致步行和骑自行车的次数较少，时间也较少。[22]

　　其二，可能是我们选择的绿地指标存在问题。城市建成区绿化覆盖率是指植被的垂直
投影面积占城市建成区总用地面积的比值，计算方法比较粗略和宽泛，包括公共绿地、居住
区绿地、单位附属绿地、防护绿地等多种绿化种植覆盖面积以及屋顶绿化覆盖面积、零散树
木的覆盖面积，反映的是国家和地区生态环境保护状况。省域范围统计的城市建成区绿化
覆盖率只是一个平均数指标，乡村人居环境和都市人居环境绿地率的差异并未体现出来，导
致的结果就是各省的建成区绿化覆盖率指标差异不大，最高的是北京和江西，人居环境不错
的贵州相反处于垫底位置，这与一般的认知也有一定的差异。因此，采用省域尺度的城市建
成区绿化覆盖率指标作为人居环境的绿地率指标可能并不合适，相对来说计算方式更为严
谨的绿地率指标更为适合一些。但公开出版的各类统计资料的统计口径均为"建成区绿化
覆盖率"，限于数据的可获得性，暂时只能用建成区绿化覆盖率指标进行研究，因此该结论
的稳健性有待证明。我们也期待更为先进的统计技术、方法和更为严谨的绿地指标出现，
后续研究时补足这一缺憾。

　　第五，辽宁省的女性肺癌患病率（第 3）在排序上超过了男性（第 6），而排名第六的辽宁
省男性肺癌患病率（753.35）比排在第五位的江西省（848.68）下降较多，存在明显的不同步现
象。对于其中缘由，笔者猜测可能与辽宁省女性的吸烟率高于全国水平接近一倍有关，"东
北八大怪"中的"第二怪"就是"姑娘叼着旱烟袋"。这一点可以从对沈阳的一项调查看出来，
2014 年沈阳市区人群总吸烟率为 24.2%（年满 15 周岁），男性吸烟率（44.8%）与全国水平不
相上下，女性的吸烟率（5.0%）却高于全国平均水平 2.1 个百分点。[23]

5.3　中观：武汉市社区慢性病患病率研究

　　最近十多年来，城市规划领域对健康特别是对人居环境与慢性病的关系的研究显著增
长，尽管人们尚未完全了解慢性病的成因和机理，但众多研究表明，除了先天基因外，慢性
病发生与久坐、缺乏运动、过分依赖机动车出行以及大量进食不健康食物等非积极生活方
式（Inactivity Lifestyle）密切相关。[24-25] 缺乏身体活动不仅会导致慢性疾病，降低生活质量，
甚至会缩短人的寿命，人居环境对身体活动具有影响是研究者们较早达成的共识。近十年

来,通过改善人居环境促进身体活动进而为人群健康提供积极影响成为交叉学科研究的热点。[26-27]

慢性病的发病原因尚不明确,是全世界科学家在不断探索的难题。目前学术界接受的说法是慢性病的发生是综合性的危险因素作用的结果,很难归结出比较明确的因果模型和联系。到目前为止,慢性病的相关研究大多从流行病学危险因素切入做调查和统计分析的居多,除了遗传、吸烟等因素之外,非积极生活方式几乎百分之百成为慢性病的危险因素。

5.3.1　研究范围和数据

武汉市××区是武汉市七个主(中心)城区之一,面积70.25平方千米,总人口71.1万人,GDP 762.9亿元,居民人均可支配收入40 687元,共有17个街道、137个社区、21个村民委员会(2015年数据)。用地形态比较丰富,从统计数据和百度卫星地图可以看出,既有建筑密集、城市化水平较高的中心城区,也有高速发展、日新月异的新城区,还有2个城中村(图5-1)。

本书数据主要包括以下几类:

(1)2015年武汉市××区高血压的疾病筛查和体检数据。原始数据先期进行了数据的清洗和整理工作,将重复数据、伪数据等冗余数据剔除。为尽量排除年龄因素的影响,将年龄在70岁以上的老年人患病病例排除在外,经过清理和标化后得到144个小区的社区平均高血压患病率数据(人/万人)。

(2)武汉市××区基础地理信息。包括2015年武汉市××区土地利用、公交站点、社区网格、人口、建筑数量、类型、层数等数据。

(3)武汉市2014年生活服务设施分布(POI)。借助百度地图API端口,运用网络爬虫的方法,爬取便利店、咖啡店、学校、银行等与居民生活息息相关的服务设施POI数据(2014年)。

(4)2014年美国航天局(NASA)陆地资源卫星Landsat5 TM遥感图像及数据,空间分辨率30米×30米,来源于地理空间数据云(http://www.gscloud.cn/search)和美国usgs网站(https://glovis.usgs.gov/)。

5.3.2　模型建构和变量选择

1)模型建构

根据上一章的研究,中观社区尺度的人居环境因子为土地利用特征、居住密度、绿地率、道路网络、公交可达性、公共设施可达性、活力环境设计和人口密度等8个因子,分别选取用地混合度、容积率、归一化植被指数、路网密度、公交可达性、医疗/体育设施到达成本、宜步指数、人口密度作为模型变量。

　　个人健康位中除了遗传生理、人口特征之外,经济收入也对居民参与身体活动的意愿和选择恢复性环境有一定的作用,作为协变量参与建模(图5-8)。

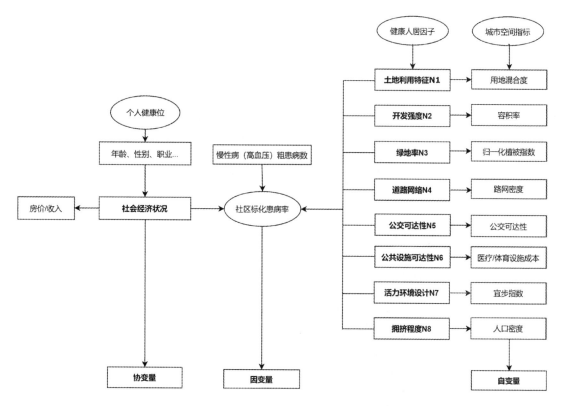

图 5-8　高血压慢性病患病率与社区空间因素的定量模型

资料来源:自绘

2)变量选择

　　(1)土地利用特征。选择用地混合度(Land Use Mix, LUM)和用地强度指标来衡量。用地功能混合度指的是某地域范围内各种不同类型用地的混合程度。用地功能混合度的定义和算法一直以来众说纷纭,直到20世纪末美国学者罗伯特·赛维洛(Robert Cervero)提出了"九宫格模型"作为定量计算的方法,用以研究城市锻炼时长的关系。目前学术界广泛认可并且使用较多的是加拿大学者劳伦斯·弗兰克(Lawrence Frank)提出的"熵值模型",该模型给出了LUM的定量化计算公式:

$$\text{LUM} = -\sum_{i=0}^{n} P_i \times \ln P_i \,/\, \ln N \qquad (公式\ 5\text{-}1)$$

式中,i为某地块用地性质编号,P_i为用地性质为i的地块占总用地的百分比,N为土地利用种类。

根据熵值法公式，利用Arcgis10.2软件进行一系列的合并、求和和计算之后，得到武汉市某区以社区为单位的用地混合度指标，进行可视化之后得到各社区用地混合度分布图（图5-9、图5-10）。

图例

其他所有值	B2	F2	R32
A	B21	G1	S
A52	B22	G2	U
A6	B29	G3	W
A7	B31	H	
B1	B41	M	
B11	B9	R11	
B12	E1	R21	
B13	E2	R22	
B14	F1	R31	

2 250　　1 125　　0　　　　2 250米

图 5-9　武汉 ×× 区土地利用图

资料来源：自绘

由于研究尺度相对较小，二维的用地强度指标已经不再合适。城乡规划领域通常采用建筑密度和容积率来表征地块的用地强度，但落实到社区尺度，除了占地面积之外，建筑层数还有高、低，高层低密度和多层高密度（例如别墅区）的建筑也许用地强度差不多实际感受上有很大差异，因此本研究采用容积率作为社区尺度的用地强度指标（图5-11）。容积率的计算方法为建筑总面积（单层面积 × 层数 × 栋数）与社区土地面积的比值，其计算公式如下所示：

$$\tilde{n} = \frac{\sum_{t=1}^{n} S_i \times n}{S_C}$$

（公式 5-2）

式中，$\tilde{n}$ 为某社区容积率；S_i 为单栋建筑面积，n 为社区内建筑栋数 S_C 为社区土地面积。

图 5-10 武汉 × × 区各社区用地功能混合度

资料来源：自绘

（2）道路网络肌理目前有两种测度方法，一种是采用路网密度来表征，另一种采用道路交叉口密度来表征。路网密度即单位面积内不同功能、不同等级道路的总长度与该区域面积的比值，用 $\frac{km}{km^2}$ 表示。路网密度高，说明社区通达性较好。从图 5-12 可以看出路网密度指标基本能够反映社区的道路可达性。

（3）宜步行性。简单地说指社区是否适宜步行，即社区空间对于步行的友好程度和引导步行出行的能力。宜步行性是一个复合指数，分析相对复杂，采用宜步指数（Walkability Index，WI）来表征。

宜步指数即城市各地区和区域引导和适宜步行的能力。宜步指数的定义和评测方法众多，本研究采用大多数人认可且较成熟的美国研究者提出的 Walk Score 计算方法。该方法主要考虑日常设施的种类和空间布局，其具体算法是基于步行者的出行特征，对日常设施进行使用情况的统计与汇总，同时引入了步行距离衰减、交叉口密度、社区长度等因素以提高评测准确度。本研究为简化步骤和计算，参照龙瀛等人的研究，根据国际通行的 Walk Score 生活服务设施分类标准，结合中国实际情况对 POI 数据进行了本土化处理，赋予不同的权重

图 5-11 武汉 ×× 区各社区容积率

资料来源：自绘

值(表 5-9)，同时对不同的步行距离设置了衰减系数。其计算公式如下所示：

$$S = \sum_{i=1}^{n} w_i \times n_i \times P_i \qquad （公式 5-3）$$

式中，S 为宜步指数；w_i 为评价因子 X_i 的权重；n_i 为评价因子 X_i 对应的数量，P_i 为距离衰减系数。

表 5-9 各类生活设施分类和权重系数

类型	权重	类型	权重	类型	权重
商店	4	公园	2	文化设施	1
餐馆	3	银行	1	娱乐场所	1
咖啡馆/茶馆	2	学校	1		

资料来源：自然资源保护协会.中国城市步行友好性评价2017

另外距离的因素不能不考虑，人的体力有限，随着步行距离的增加，人们对步行的选择意愿随之下降。本研究针对不同的距离范围设置六类衰减系数：400米之内，衰减系数

图 5-12　武汉 ×× 区各社区路网密度

资料来源：自绘

为 1，不衰减；400～800 米，衰减系数为 0.9，即衰减 10%；800～1 200 米，衰减系数为 0.55；
1 200～1 600 米，衰减系数为 0.25；1 600～2 400 米，衰减系数为 0.08；2 400 米以外，超出服
务范围，不纳入计算。不同距离的衰减系数见图 5-13。

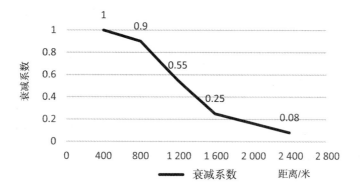

图 5-13　服务设施距离衰减系数

资料来源：自绘

经过计算之后,得到武汉市某区各社区宜步指数分布图(图5-14)

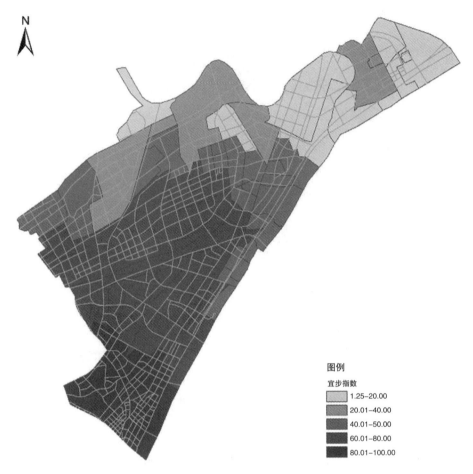

图 5-14 武汉 ×× 区各社区宜步指数

资料来源:自绘

（4）可达性。指从一个地方到另一个地方的交通便利程度。可达性分析相对复杂,可分为公共设施可达性和公交可达性。公共设施,尤其是医疗和卫生保健设施的可达性,采用基于城市道路的最近距离法计算。考虑到武汉三镇耸立、江河夹峙的特殊地貌特征(由于长江、汉水的阻隔,且汉口地区集中了武汉市的优势医疗资源,汉口地区的居民很少跨江过河到武昌、汉阳地区就医),为简化计算,本研究仅选取武汉市汉口主城区的三甲医院作为目标点,未考虑跨江的武昌、汉阳地区的三甲医院作为目标医疗设施。用Arcgis近邻分析工具分别求出各社区最近的三甲医院的距离,再进行重分类,得到研究区的每一个单元到最近的目标点(医疗设施)的最小距离成本(图5-15)。

公共交通可达性的测度方法也很多,不同的公交可达性指标算法关注点不一样,考虑的指标也不一样。为简化计算,本研究选取公交站点密度和站点覆盖率两个指标计算居民小

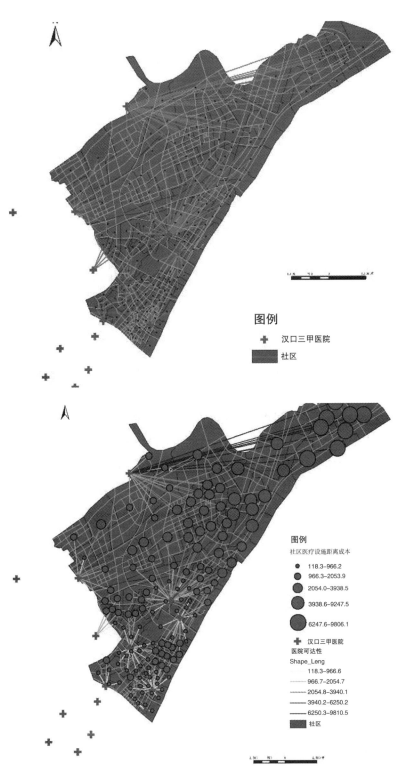

图 5-15　武汉 ×× 区各社区医疗设施距离成本分析（上，下）

资料来源：自绘

区的公交可达性,公交站点密度即单位小区面积内的公交站点数量(考虑到地铁站点的重要性,在数量中加权为公交站点的2倍)。站点覆盖率的计算方法是公交站点服务面积与小区总面积的百分比,在查阅大量国内外文献并参考2015年陈艳艳[28]、李苗裔[29]等人的研究成果的基础上,确定公交站点覆盖距离为300米,确定地铁站点覆盖范围为800米。计算公交可达性中站点密度和覆盖率的权重分别设为0.4和0.6(图5-16、图5-17)。

$$F = \frac{\varphi}{S_n} \times 0.4 + \frac{S_i}{S_n} \times 0.6 \qquad (公式5-4)$$

式中,φ是公交站点个数(含地铁站×2),S_i是公交站点覆盖面积,S_n是社区面积。

(5)目前规划和建筑设计中常采用绿地率作为小区的绿地景观和恢复性环境的指标,笔者曾经使用过,发现存在下述问题:第一,由于目前土地规划图纸滞后于实际发展,而且土地规划图中规定的土地使用性质只是土地、规划部门一厢情愿的"远景"或者"愿景",实际中往往存在绿地、景观被住户侵占的情况,与规划图不一致的情况时有发生;第二,规划图中的绿地斑块往往支离破碎、很难使用;第三,实际中居民利用房前屋后、屋顶、阳台等处的绿化也无法反映,因此并不能真实反映社区尺度的绿地情况。

归一化植被指数(Normalized Differential Vegetationindex, NDVI)是测绘学中反映土地覆盖植被状况的一种指标,基于遥感图像识别的NDVI指数能够检测植被生长状态、植被覆盖度,可能更能准确地反映小区绿地和景观的实际情况(图5-18)。

本研究使用2014年美国陆地资源卫星Landsat5 TM数据,空间分辨率30米×30米,使用ENVI 5.0,经过辐射定标、大气校正、NDVI计算、裁剪、求区域均值等操作,输出结果后输入-1>b1<1,进行异常值去除,归一化后导入Arcgis10.2(图5-19)。

(6)研究范围中各社区的人口社会特征。采用两个指标来表征,一个是人口密度指标,一个是区域平均房价。人口密度指标是单位土地面积上的人口数量。通常使用的计量单位有两种,人/平方公里和人/公顷(图5-20)。社区一级的人均收入指标不太容易从公开数据获取,一般来说,人口密度指标与土地强度指标具有相当的一致性。收入状况涉及个人隐私无法获取,但商品房价格却可以从各种公开渠道获知,商品房单价一定程度上体现了区域价值和家庭收入状况,本研究暂以区域平均房价作为衡量区域价值和家庭收入的指标(图5-21)。

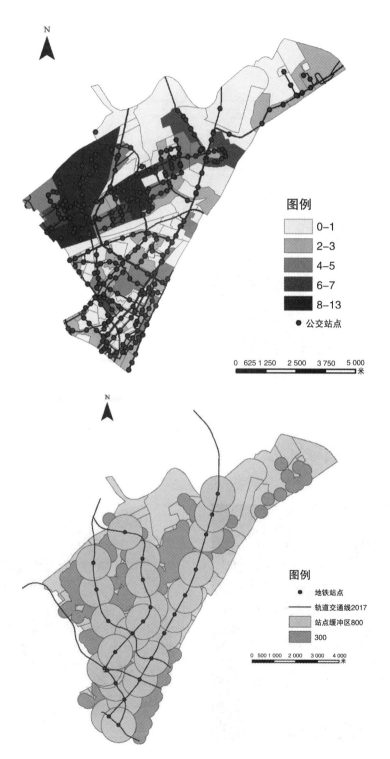

图 5-16　武汉 ×× 区各社区公交站点数量和覆盖范围

上：社区公交站点数量　下：社区公交站点覆盖范围

资料来源：自绘

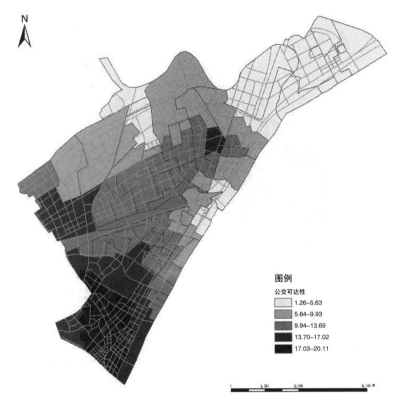

图 5-17　武汉 × × 区各社区公交可达性

资料来源：自绘

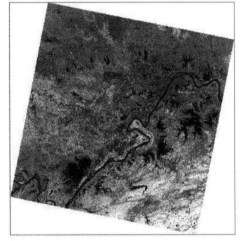

图 5-18　武汉 × × 区辐射定标结果（左）和 NDVI 计算结果（右）

资料来源：自绘

图 5-19　武汉 ×× 区各社区归一化植被指数（NDVI）

资料来源：自绘

图 5-20　武汉 ×× 区各社区人口密度

资料来源：自绘

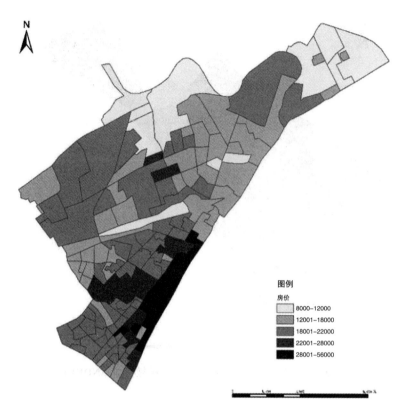

图 5-21　武汉 ×× 区各社区平均房价

资料来源：自绘

5.3.3　研究方法

1）数据转换与配准

原始体检数据借助 Geocoding 软件转化为百度地图经纬度坐标，然后借助 Arcgis 平台，通过数据配准和坐标系统转换，将患病率的空间数据和分析底图属性数据链接，导出并可视化（图 5-22）。

2）Arcgis 空间分析

空间自相关（Spatial Autocorrelation）是指相关变量（同一个研究区域内）的观测值之间潜在的相互依赖性。Tobler 提出的地理学第一定律指出："任何东西与别的东西之间都是相关的，但近处的东西比远处的东西相关性更强。"

全域空间自相关则是从区域整体上描述某种现象空间聚集的情况，通常采用 Moran's I 指数来测度，其计算见公式（5-5）。

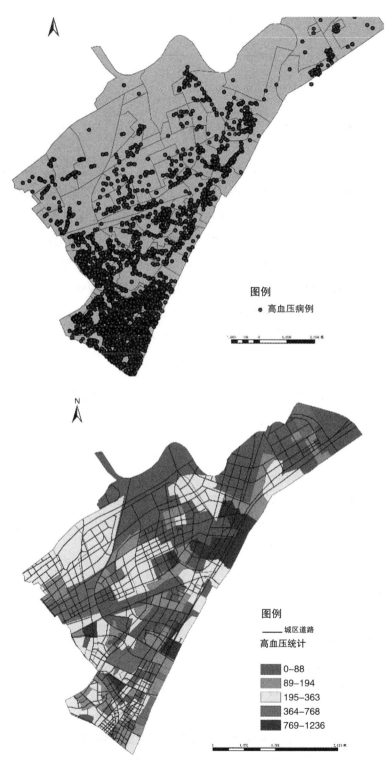

图 5-22 上：武汉 × × 区社区高血压患者分布状况

资料来源：自绘

$$I = \frac{\sum_{i=1}^{n}\sum_{j=1}^{n}W_{ij}(Y_i - \overline{Y})(Y_j - \overline{Y})}{S^2\sum_{i=1}^{n}\sum_{j=1}^{n}W_{ij}} \qquad （公式 5-5）$$

式中，$\overline{Y} = \frac{1}{n}\sum_{i=1}^{n}Y_i$，$S^2 = \frac{1}{n}\sum_{i=1}^{n}(Y_i - \overline{Y})$，$Y_i$ 表示第 i 个地区的观测值，j 为地区总数（如省域）中的任一元素。如果 Moran's I 的 Z 值大于正态分布函数在 P<0.05（P<0.01）水平下的阈值 1.65（1.96），则认为该现象在空间分布上具有比较明显的正相关，也就是说该现象在空间上呈现聚集状态，某地区将会对相邻地区产生影响，且随着距离增加，影响逐渐衰减。通过 Moran's I 指数确认该现象呈现空间聚集的趋势后，即可采用空间计量模型做更进一步研究。常用的空间计量模型有 3 种，一种是空间滞后模型（Spatial Lag Model，SLM）[30]，一种是空间误差模型（Spatial Error Model，SEM）[31]，最近几年为更好地模拟地理效应，使用变系数的地理加权回归模型（Geographical Weighted Regression，GWR）比较多[32]。

空间滞后模型 SLM 是探讨各变量在一地区是否有溢出（滞后）效应。其模型表达式为：

$$y = \rho Wy + X\beta + \varepsilon \qquad （公式 5-6）$$

式中，Wy 为空间滞后变量反映空间距离的作用，β 为为自变量对因变量的影响。

空间误差模型（SEM）的数学表达式为：

$$y = X\beta + \varepsilon$$
$$\varepsilon = \lambda W_\varepsilon + \mu \qquad （公式 5-7）$$

式中，ε 为随机误差项向量，λ 为 $n \times 1$ 阶的截面因变量的空间误差系数，μ 为随机误差向量。

SEM 数学表达式中参数 β 反映自变量 X 对因变量 y 的影响。参数 λ 为衡量相邻地区的样本值 y 对本地区样本值 y 的空间依赖作用的矩阵。

5.3.4 结果

1）高血压患病率的统计特征

该项研究最后总共获得了 144 个有效的社区患病率样本，从统计结果可以看出，××区社区高血压患病率女性（22 411 例，56%）高于男性（17 702 例，44%），并且大部分集中于 60～79 年龄段的老年人群（图 5-23）。

众所周知，高血压是非常典型的老年病，老年人群由于身体机能退化而罹患高血压的概率很大，为尽量排除年龄因素的影响，在统计样本中排除了年龄超过 70 岁的老年人，只统计 70 岁以下的人群。将××区 70 岁以下人群高血压的绝对病例数据导入 SPSS22.0 统计软件，除以各社区的人口数（采用国家第六次人口普查数据），得出以社区为单位的××区平均高

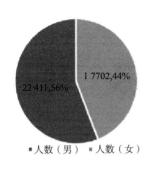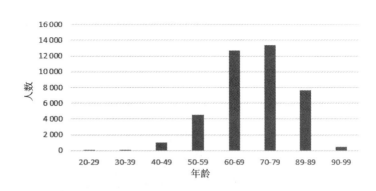

图 5-23　武汉 ××区高血压病例的性别比例（左）和年龄分段统计（右）

资料来源：自绘

血压患病率（<70y）。可以从结果中看到 ××区社区高血压患病率平均值为 156.21/ 万人，标准差 146.31/ 万人，中位数 108.66/ 万人（表 5-10）。

表 5-10　武汉 ××区社区高血压患病率（<70）描述性统计

	数字	最小值（M）	最大值（X）	平均值（E）	标准偏差	中位数
患病率<70	144	0.00	632.50	156.21	146.31	108.66

资料来源：自绘

2）高血压患病率的空间分布特征

将高血压患病率数据导入 Arcgis 进行核密度分析，可视化后得到核密度分析图，可以发现高血压患病率存在较为明显的空间聚集现象。具体来说就是集中在城市二环线之内的汉口老城中心区，以及二环线和三环线之间靠近江边的老城区（主要为某大型国有工厂家属区）（图 5-24）。

将结果进行空间自相关（Moran's I）和聚类分析，结果如下：

全局 Moran's I 指数得分 0.07，Z 得分 2.55，P 值 0.01，说明结果具有空间自相关特性。高低聚类分析 Generral G 指数得分 0.0002，Z 得分 2.91，P 值 0.003，说明结果具有较强的高/低聚类特征（图 5-25）。

为进一步探究社区高血压患病率的空间特征，对之进行热点分析（Getis-Ord Gi 算法），发现存在 2 个非常明显的热点区域，即以光华路、国信苑、湖边坊、惠中社区为中心的区域和汉口二七片的丹南社区和丹东社区，印证了对图形的直观感受，同时还发现在研究区域北方还存在 1 个冷点区域，即原为城中村的新益村、永红村以及百步亭花园的幸福时代和文汇苑（图 5-26）。

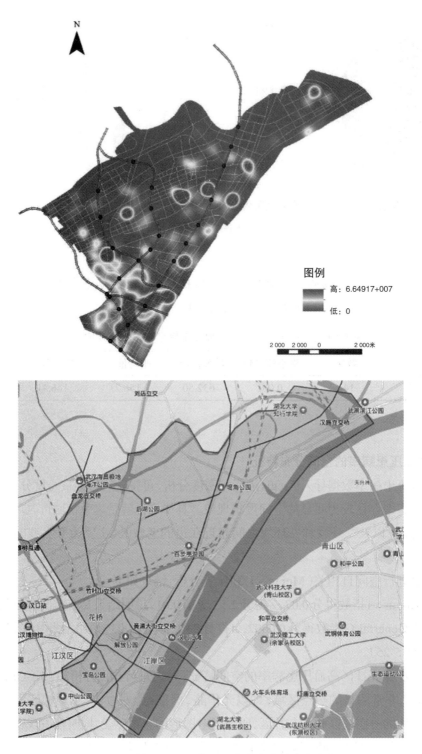

图 5-24 武汉 ×× 区高血压患者分布核密度分析

上：高血压核密度分析　下：对应的武汉 ×× 区地图

资料来源：自绘（上图），百度地图（下图）

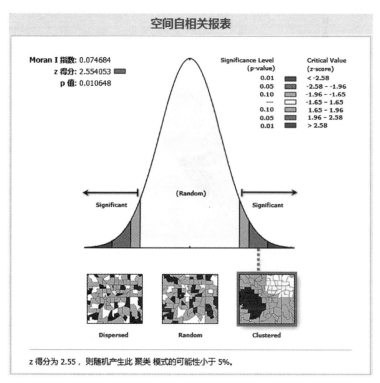

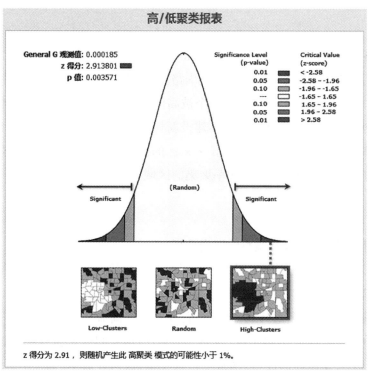

图 5-25 武汉 ×× 区高血压患者空间自相关（上）和高/低聚类分析（下）

资料来源：自绘

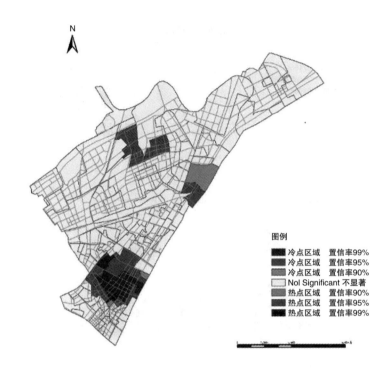

图 5-26　武汉 ×× 区高血压患病率的热点分析

资料来源：自绘

进行聚类和异常值分析（Anselin Local Moran I 算法），得到结果见图 5-27。发现研究区域存在 4 个高-高聚集的区域（惠中社区、光华路社区、模范社区和国信苑、三合、艺苑、袁家社区），1 个低-低聚集的社区（永红村），2 个被高值包围的低值社区（货捐社区和六合社区）和 3 个被低值包围的高值社区（操场社区、建设新村社区和丹西社区）。

由以上分析可以清楚地看出，武汉市 ×× 区的社区高血压患病率在社区层面上分布也是很不均匀的，存在高患病率和低患病率聚集的区域，具体原因尚需要结合实际情况做进一步的分析。

3）慢性病患病率的人居环境影响因素分析

为进一步探究城市空间因素对慢性病的影响，将数据导入 SPSS 22.0 进一步分析。因为数据值量级相差较大，所以对其都进行了对数化处理。

为避免变量之间产生多重共线性影响，首先对社区高血压患病率（70 岁以下）、收入水平（以区域房价指标代替）、人口密度、绿地率（NDVI 植被归一化指数）、用地混合度、用地强度指标（容积率）、道路连通性（路网密度）、公交指数、医疗成本（离三甲医院的直线距离）和体育设施成本等几个变量做相关性分析排查，发现"体育设施成本"变量和步行指数、公交指数之间存在较严重的共线性，遂排除（表 5-11）。

图 5-27　武汉 ×× 区社区高血压患病率的聚类和异常值分析

资料来源：自绘

表 5-11　回归变量相关性分析

	绿地率	医疗成本	用地混合度	收入	宜步指数	容积率	路网密度	公交可达性	人口密度	体育成本
绿地率										
医疗成本	0.574**									
用地混合度	-0.016	-0.075								
收入	-0.447**	-0.385**	0.016							
宜步指数	-0.602**	-0.668**	0.006	0.498**						
容积率	-0.590**	-0.542**	-0.188*	0.466**	0.740**					
路网密度	-0.507**	-0.375**	-0.101	0.313**	0.538**	0.648**				
公交可达性	-0.642**	-0.668**	0.001	0.505**	0.884**	0.671**	0.526**			
人口密度	-0.220**	-0.182*	0.301**	0.042	0.221**	0.172*	0.140	0.266**		
体育成本	-0.692**	-0.748**	0.004	0.513**	0.888**	0.705**	0.617**	0.935**	0.263**	
高血压患病率	-0.023	0.055	0.023	0.139	-0.005	-0.089	-0.256**	0.054	0.026	0.044

**在置信度（双侧）为 0.01 时，相关性是显著的；*在置信度（双侧）为 0.05 时，相关性是显著的。

资料来源：自绘

　　然后将社区高血压患病率作为因变量，绿地率、医疗成本、用地混合度、房价、宜居指数、用地强度、路网密度、公交指数和人口密度作为自变量,采用逐步回归法建立回归模型。经计算得到5个符合条件的模型(表5-12),可以看到5个模型的显著性均小于0.01,通过显著性检验。模型5的R值为0.446,调整R方值0.169,是模型中拟合度最高的,且残差值最小,F值也最小(表5-13)。

表5-12　通过设定条件的模型摘要

模型	R	R^2	调整后的 R^2	标准估算的错误	残差	F	显著性
1	0.225[a]	0.051	0.044	0.55 312	42.525	7.405	0.007[b]
2	0.337[b]	0.113	0.100	0.53 647	39.717	8.816	0.000[c]
3	0.372[c]	0.138	0.119	0.53 084	38.605	7.318	0.000[d]
4	0.413[d]	0.171	0.146	0.52 256	0.37 137	7.007	0.000[e]
5	0.446[e]	0.199	0.169	0.51 561	35.890	6.696	0.000[f]

a. 预测变量:(常量)收入;b. 预测变量:(常量)收入、路网密度;c. 预测变量:(常量)收入,路网密度、体育成本;d. 预测变量:(常量)收入、路网密度、体育成本、步行指数;e. 预测变量:(常量)收入、路网密度、体育成本、步行指数、医疗成本;f. 因变量:社区高血压患病率<70

资料来源:自绘

表5-13　模型5系数

	非标准化系数		标准系数	t	显著性	共线性统计	
	B	标准错误	贝塔			容许	VIF
常量	-2.704	1.650		-1.639	0.104		
收入	1.031	0.370	0.253	2.785	0.006	0.720	1.388
路网密度	-0.534	0.128	-0.419	-4.182	0.000	0.591	1.691
体育成本	0.984	0.262	0.766	3.758	0.000	0.143	6.993
步行指数	-0.885	0.381	-0.387	-2.321	0.022	0.214	4.678
医疗成本	0.357	0.165	0.252	2.166	0.032	0.439	2.279

资料来源:自绘

模型5的变量共线性VIF值均<5,因此变量间不存在共线性,且变量显著性均P<0.05,通过显著性检验。而绿地指标、用地混合度、公交指数、用地强度和人口密度指标未能通过显著性检验(表5-14)。

表5-14　排除系数列表

	输入贝塔	t	显著性	偏相关	共线性统计		
					容许	VIF	最小容差
绿地	0.074	0.669	0.505	0.058	0.491	2.036	0.134
混合度	-0.001	-0.012	0.991	-0.001	0.937	1.067	0.142
强度	0.155	1.190	0.236	0.102	0.348	2.874	0.142
公交指数	-0.372	-1.582	0.116	-0.135	0.106	9.400	0.074
人口密度	0.047	0.593	0.554	0.051	0.942	1.061	0.140

资料来源:自绘

虽然绿地指标、用地混合度、公交指数、用地强度和人口密度指标未能通过显著性检验，但正如前面所分析过的，慢性病的患病因素众多，且存在遗传、社会文化习俗、个人生活方式生活习惯等更为复杂的影响机制，简单的一元线性回归模型无法完全拟合城市空间因素与慢性病患病率之间的联系。本研究的目的并不是建立一个精准的标准回归模型，而是探究城市空间与健康人居之间的潜在关系。把所有变量按照显著性高低排列做一个汇总可得表 5-15。

表 5-15　相关变量汇总

变量	影响方向	显著性
收入	+	**
路网密度	−	**
宜步指数	−	*
体育设施成本	+	**
医疗设施成本	+	*
公交可达性	−	不显著
容积率	+	不显著
绿地率	+	不显著
人口密度	+	不显著
用地混合度	−	不显著

**在置信度（双侧）为 0.01 时，相关性是显著的；*在置信度（双侧）为 0.05 时，相关性是显著的

资料来源：自绘

4）空间回归分析

经过分析得知 ×× 区社区慢性病患病率（70 岁以下高血压）存在较为明显的空间自相关现象，SPSS 建立的多元线性回归模型的拟合度不高（调整 R^2=0.169），说明线性模型对于空间现象的解释度不足。查阅相关文献得知，慢性病除与自身生理、遗传因素以及不良生活习惯（久坐、吸烟等）有关之外，还与人居环境的空间影响因素有关，例如绿地率指标、路网密度、宜步性、可达性指标等一系列城市空间因素以及物候气象等地理因素。但在 SPSS 建模过程中发现部分指标存在较为严重的共线性现象，不得不删除掉方差膨胀因子 VIF 较大的公交指数指标，这就导致统计模型的结果稳健性不够甚至可能忽略了重要的变量。带有空间信息的患病率数据的另一个特点就是空间的相异性，表现为不同地区的患病率具有较大的差异性、临近地区患病率水平接近的现象。

因此，有必要对其进行空间分析。将 Arcgis 生成的图形地理库文件生成 SHP 格式数据代入到 Geoda 软件中，进行空间回归建模。

首先建立与 SPSS 分析模型一致的经典 OLS 统计模型，结果与 SPSS 基本一致，仅 R 方和医疗设施成本显著性存在一定的差异，但影响方向是一致的（图 5-28）。

```
Regression
SUMMARY OF OUTPUT: ORDINARY LEAST SQUARES ESTIMATION
Data set          : GWR0926
Dependent Variable :      HLV  Number of Observations:   144
Mean dependent var :  1.93298  Number of Variables  :     6
S.D. dependent var :  0.598727 Degrees of Freedom   :   138


R-squared          :  0.153676  F-statistic           :     5.01161
Adjusted R-squared :  0.123012  Prob(F-statistic)     : 0.000299526
Sum squared residual:  43.6874  Log likelihood        :    -118.449
Sigma-square       :  0.316576  Akaike info criterion :     248.898
S.E. of regression :  0.562651  Schwarz criterion     :     266.717
Sigma-square ML    :  0.303385
S.E of regression ML:  0.550804
```

```
---------------------------------------------------------------------------
  Variable    Coefficient      Std.Error      t-Statistic    Probability
---------------------------------------------------------------------------
  CONSTANT     -1.902671        1.787062       -1.064693       0.2888741
  ROADDENSI    -0.4886919       0.1381238      -3.538072       0.0005496
  INCOME        0.9438328       0.4013486       2.351653       0.0201046
  SPORTCOST     0.9581467       0.2841267       3.372251       0.0009676
  WALKI        -0.9832162       0.4150867      -2.368701       0.0192368
  HCOST         0.2483614       0.1780399       1.394977       0.1652635
---------------------------------------------------------------------------
```

图 5-28　经典 OLS 统计模型运算结果

资料来源：自绘

　　然后建立空间权重统计矩阵，运行空间滞后模型SLM和空间误差模型SEM模块，分别得到图5-29和图5-30所示结果。

　　比较了空间关系的SLM模型、SEM模型与经典OLS回归模型的拟合效果，调整后的 R^2 由 0.153 提高到了0.248，AIC 值则由 248.89 下降到了238.191，说明采用空间计量模型后，回归结果更合理且对因变量解释程度更高，而且从 R^2 值来看，空间误差模型还优于空间滞后模型的拟合效果（表5-16）。

表 5-16　空间模型与经典模型比较

	R^2	调整 R^2	AIC
经典回归模型	0.153	0.123	248.89
空间滞后模型	0.213	—	243.116
空间误差模型	0.248	—	238.191

资料来源：自绘

```
Regression
SUMMARY OF OUTPUT: SPATIAL LAG MODEL - MAXIMUM LIKELIHOOD ESTIMATION
Data set           : GWR0926
Spatial Weight     : GWR0926.gal
Dependent Variable :        HLV  Number of Observations:  144
Mean dependent var :    1.93298  Number of Variables   :    7
S.D. dependent var :   0.598727  Degrees of Freedom    :  137
Lag coeff.   (Rho) :   0.306185


R-squared          :   0.213250  Log likelihood        :   -114.558
Sq. Correlation    : -           Akaike info criterion :    243.116
Sigma-square       :   0.282029  Schwarz criterion     :    263.905
S.E of regression  :   0.531064

-------------------------------------------------------------------------
    Variable   Coefficient     Std.Error     z-value      Probability
-------------------------------------------------------------------------
       W_HLV     0.3061855     0.1009262     3.033755       0.0024154
    CONSTANT    -1.348701      1.686763     -0.7995795      0.4239544
   ROADDENSI    -0.5077277     0.1304641    -3.891705       0.0000996
      INCOME     0.6709751     0.3801565     1.764997       0.0775642
   SPORTCOST     0.8703922     0.2696198     3.228221       0.0012458
       WALKI    -0.7842743     0.3920244    -2.000575       0.0454381
       HCOST     0.210778      0.1687379     1.249144       0.2116125
-------------------------------------------------------------------------
```

图 5-29　空间滞后模型运算结果

资料来源：自绘

```
Regression
SUMMARY OF OUTPUT: SPATIAL ERROR MODEL - MAXIMUM LIKELIHOOD ESTIMATION
Data set           : GWR0926
Spatial Weight     : GWR0926.gal
Dependent Variable :        HLV   Number of Observations:  144
Mean dependent var :   1.932979   Number of Variables   :    6
S.D. dependent var :   0.598727   Degrees of Freedom    :  138
Lag coeff. (Lambda) :   0.453633


R-squared          :   0.248382  R-squared (BUSE)      : -
Sq. Correlation    : -           Log likelihood        : -113.095500
Sigma-square       :   0.269435  Akaike info criterion :    238.191
S.E of regression  :   0.519072  Schwarz criterion     :    256.01

-------------------------------------------------------------------------
    Variable   Coefficient     Std.Error     z-value      Probability
-------------------------------------------------------------------------
    CONSTANT    -0.3143543     2.011784     -0.1562565      0.8758308
   ROADDENSI    -0.5926771     0.129287     -4.584196       0.0000046
      INCOME     0.3405618     0.4405703     0.7730021      0.4395210
   SPORTCOST     0.8662897     0.2973491     2.913376       0.0035756
       WALKI    -0.3310677     0.4143747    -0.7989574      0.4243150
       HCOST     0.3302595     0.2077581     1.589635       0.1119171
      LAMBDA     0.4536325     0.09980499    4.545189       0.0000055
-------------------------------------------------------------------------
```

图 5-30　空间误差模型运算结果

资料来源：自绘

5.3.5　讨论

本研究以武汉市××区社区70岁以下的高血压患病率为例,探究城市空间与慢性病患病状况之间的分布关系状况,并对可能涉及健康人居的城市空间因素进行了定量化的分析,是基于健康城市规划理论对慢性病的空间影响因素和机制的一次实证研究尝试。

研究结果表明,慢性病患病率在社区尺度上存在较明显的空间聚集,并且证实多种城市空间因素对慢性病患病率存在影响,部分因素存在较为显著的影响。

第一,宜步指数与慢性病患病率存在反比关系,也就是说,城市空间的宜步指数越高,越是适宜步行,高血压、糖尿病等慢性病的患病率越低,这个结果与目前的研究结论一致。说明丰富的步行兴趣点和充满趣味的步行环境会引导人们更多地进行身体活动。使人感觉舒适、便捷、安全的街道设计,无疑能够促使人们更多地选择步行和骑行。慢性病患病率与医疗设施、体育设施的距离成本存在反比的关系,人们离开医疗设施越远,无法享受到便捷的医疗卫生服务;人们离开社区休闲、体育设施越远,那么当地居民就越不大可能经常参加体育活动,罹患慢性疾病的概率就增大了。

第二,慢性病患病率与社区路网密度也成反比的关系,这也容易理解。社区路网密度越大,说明社区是"小社区、密路网"的形态,可达性较高,人们更愿意选择步行或者骑车;并且在中国目前的商业模式下社区中能够作为沿街商业使用的房屋也就越多,商业活跃,人们也愿意走出家来活动和逛街。道路网络可步行性指标未能获得社区级的小路、支路数据,我国目前的道路统计并不规范,单位内部或者小区的内部通行道路往往没有被计算在内,但这些内部道路客观存在,并且与社区的可步行性关系极大。

第三,慢性病患病率与收入情况成正比,这与西方研究者的结论相左。一般认为,收入高的地区,生活环境较好、密度较低,人们的生活水平和保健意识也较高,身体活动较多,慢性病患病率下降。但本研究得出的结论正好相反,笔者认为可能有三个方面的原因。其一,因为取样的原因,某区域获得房价标本数量有限,可能存在一定误差。其二,房价作为收入的衡量指标只能近似反映收入状况,因为影响房价的原因除了收入之外,还与地段、年代、学区等因素有关。其三,笔者认为在中国城市高密度、高用地混合度的语境下,房价高的地区往往是城市的中心地区,虽然不一定建筑层数高,但建筑密度高,周边生活方便,人们更多地"宅"在家而不愿意出门锻炼,步行意愿降低,缺少身体活动进而导致慢性病。这与西方发达国家地广人稀,用地强度普遍较低的状况是截然不同的。

第四,虽然公交通达指数和用地强度指标未能通过显著性测试,但慢性病患病率与公交指数成反比,与用地强度指标(容积率)成正比,这两个指标分别有88%和76%的概率拒绝零假设,所以还是有一定的意义。公交通达指数高说明公共交通通达性好,人们更愿意选择公交出行;容积率高,说明小区居住人口较多、建筑层数较高,人居环境不太好,因此慢性病患病率高情有可原。

第五,绿地指标的影响不够显著,这与日常的认知和经验相悖,基于人类的"亲生命"本性,在社区中增加绿地和景观的设计能够从生理和心理上促进健康。但也有研究者提出了不同的看法,英国2017年的一项研究表明,绿地数量与健康结果之间的关系并不明显,例如在低收入的郊区,绿地越多健康状况反而越差,证据表明,低收入郊区的绿地可达性不高且质量较差,这些贫困地区的健康状况也往往比平均水平差。原因可能是劣质绿地虽然数量众多,但却不足以抵消郊区低收入居民人口的健康问题,或者劣质的绿地实际上对健康有害。[22]荷兰的一项研究表明,生活环境中的绿地数量与身体活动之间并无明显的联系,居住环境中拥有较多绿地的人们,在园艺上花费更多的时间,在闲暇时间步行和骑行的次数较少,时间也较少。[23]

空间设计品质牵涉主观感受,很难进行定量化表达,但绿地和景观的数量可以直观地反映城市空间的设计品质。一般来说绿地覆盖率高的小区,空间品质较高,设计较好。但绿地指标与慢性病患病率成正比,与一般认知相违背,有3种可能性。第一个可能是研究尺度过小,绿化情况差异不大,因而无法在社区尺度上对慢性病的发病率形成差异。第二个可能是基于遥感图像识别的归一化植被指数NDVI仍然难以作为衡量绿化情况的指标,原因可能是大部分中国城市中心区很难保留大块的绿化和景观用地,绿地率普遍都不高,城市边缘区(例如城乡接合部)由于未开发用地和林地更多,绿地率普遍高于市区导致都市绿化状况存在非均匀性。第三个可能是高血压发病率的高低的确和绿地率没有什么因果关系。

第六,人口密度指标也不显著,原因可能是患病率指标已经做过一次基于人口的标化,因此人口密度指标不显著。熵值法算出来的用地混合度指标很不显著,与西方研究者的结论不同,Frank等发现LUM每增加25%,会降低12.2%的超重/肥胖率。[33]Li等研究发现波特兰地区的土地利用混合度(熵指数)每增加一个单位,老年人超重/肥胖率会降低25%;快餐店密度增加一个单位,则会增加7%的老年人超重/肥胖率。[34]不过也有不同的观点,Cerin等在对社区环境与目的地开展的研究中发现,LUM与交通性步行的相关性并不显著[35],Forsyth等在研究中发现用地混合度指数与身体活动增加呈负相关。[36]Ewing和Cervero在一项对用地混合度与身体活动的Meta分析中也发现熵指数算法用地混合度指标的衡量方式会造成结果的不准确,说明熵值法并不是用于研究土地混合度与步行等身体活动相关性的最佳工具。[37]

笔者也认为西方研究者提出的熵值法计算的用地混合度并不适合于中国实际情况,或者说基于用地规划图的用地混合度算法与实际情况出入比较大,或许采用基于POI的算法能更为准确地表征中国城市的用地混合度指标。

本研究的结果表明,慢性病的发生除了遗传和生理因素之外,人居环境因素——城市的空间和规划布局,确实对慢性病具有一定的影响。社区商业兴旺、活力较高(一般来讲用地混合度也较高),适宜步行的兴趣点多,公交通达性较高的地区,也就是"小社区、密路网"的空间形态布局确实对居民健康有一定的好处。并且医疗设施和体育健身设施密度越高,越能减少居民罹患慢性病的概率,越有利于居民健康。

建筑层数较高、小区容积率高对慢性病患病率有一定的正向作用。

空间误差模型(SEM)比空间滞后(SLM)模型建模效果更优,说明慢性病的空间分布的原因更可能是来源于空间统计因素本身带来的误差,并非来自相邻区域的影响,这一结果也从侧面印证了慢性病不存在传染性和局部集中爆发的可能性。

然而研究也有很多有待深化的地方,比如绿地率、用地混合度对慢性病的影响和作用未能得到证实;收入状况虽然对于健康人居的作用较为显著,但因为涉及隐私难于获取,平均房价作为替代指标准确度要打折扣并且原因和机制暂时还不清楚。另外限于时间和研究方法的原因,本研究暂未考虑人口、社会和行为生活习惯等因素,例如性别、年龄、教育状况、吸烟与否等,这些因素和慢性病也有极大的关系。这些都有待于今后与公共健康、建筑技术等领域的专家学者一起做跨学科联合研究,也期待更科学、更先进的研究方法的出现。

5.4 微观:雷克瑟姆 CHARISMA 建筑更新项目

5.4.1 项目概况

因为研究伦理的原因,以人为研究对象的实验无法预先进行设计,并且因为涉及个人隐私的原因,也无法从公开渠道获取数据,因此建筑层面的健康案例很难获取。通过多方寻找最佳证据,英国威尔士雷克瑟姆镇(Wrexham)一项针对儿童哮喘的建筑更新项目或许可以说明一些问题。

雷克瑟姆是位于英国威尔士东北部的一个自治郡,以雷克瑟姆镇为中心,周围村庄散布,与英格兰毗连。雷克瑟姆政府将儿童呼吸健康列为公共卫生的优先重点,实施儿童哮喘项目救助。CHARISMA 的全称是 Children's Health in Asthma-Research to Improve (health) Status through Modifying (housing) Accommodation,翻译成中文是"哮喘儿童的健康——通过住房更新来改善儿童健康的研究"。儿童哮喘是儿童最常见的慢性疾病之一。许多室内环境因素与呼吸系统疾病和儿童哮喘有关,例如霉菌、宠物、室内空气质量和二手烟,也就是说有可能通过改善住房和室内环境来改善哮喘儿童的健康和身体状况。威尔士是世界上哮喘患病率最高的地区之一,每年因哮喘住院的人数超过 4 000 人,其中 40% 是 15 岁以下的儿童。哮喘也是儿科最常见的慢性病,在英国每 11 个儿童中就有一个患有哮喘(图 5-31)。

该项目的目标人群是居住在雷克瑟姆镇患有中度或重度哮喘且年龄在 5~15 岁之间的儿童,这些孩子的名单由英国国家医疗服务体系(NHS)的全科医生记录并确定。雷克瑟姆镇理事会和地方卫生部门发起,并由 NHS、卡迪夫和利物浦地方当局为哮喘儿童的家庭提供了住房更新服务(集中供暖/优质通风),以缓解他们的哮喘病症,改善他们的身体状况。为公平起见,所有符合条件的197户家庭获得了这项服务。雷克瑟姆住房局的工作人员实地走访了每个孩子家庭的住宅,找到需要改进的地方。如果没有供暖系统就进行安装,如果有则进行测试和改进使之达到一定的标准,并在屋顶安装新的通风系统。

图 5-31　雷克瑟姆 CHARISMA 建筑更新项目

资料来源:网络

有一半家庭的住宅状况立即得到了改善,另一半家庭则因为经费原因延迟了12个月,因此恰好可以进行随机对照试验,将两组家庭进行比较,以确定住房系统的更新对儿童哮喘和健康的影响。研究人员使用经过验证的儿科问卷来调查住宅改善后0、4和12个月龄患病儿童的哮喘发病状况和总体生活质量,结果表明此次建筑更新的确具有较为明显的改善患儿症状的效果。

(1)显著改善了哮喘患儿的症状和生活质量。干预组的儿童从"严重"哮喘转变为"中度"哮喘的比例为17%,而对照组这一比例为3%。

(2)大大改善了患病儿童的心理和社会健康,体现在患病儿童和家庭的满意度和在校的成绩上,患病儿童的人际关系也随之改善。

(3)几乎所有的评估指标均得到改善,因此,不太可能是偶然和随机的结果。

(4)平均每个儿童的花费为1 718英镑,患病儿童和其家庭成员的健康和福祉(感知)得到显著改善。[38]

该更新项目始于2003年,现已完成。分析显示,改善房屋状况的措施具有成本效益,且改善"严重"哮喘儿童住房比改善"中度"哮喘儿童住房的成本效益更有价值。[39]该项目研究结果发表在《不列颠全科医生学报》上,获得了三个国家级奖项。

5.4.2　健康效应剖析

从建筑设计层面上来说,雷克瑟姆CHARISMA建筑更新项目的主要途径如下:第一,提高房屋质量,增加房屋通风和照明,避免房屋本身潮湿产生霉菌、真菌孢子等致病病原,即使产生也能够通过通风、日照等方法及时消除,避免感染到患儿;第二,英国人均住房面积较大,不存在拥挤的问题,也不存在制冷需求,主要是增加房间采暖措施,改善热舒适环境,并且注意房间的清洁和卫生,提供舒适的居住体验,也就不会导致压力应激;第三,该项目后来的评估证实,经项目实施后,患儿的哮喘症状得到改善,其心理和社会健康也随之得到显著改善。

5.5　本章小结

这一部分是不同的城市空间尺度的健康效应分析。本章选取宏观(全国)尺度(2014全国女性肺癌患病率)、中观(社区)尺度(武汉市××区慢性病患病率)和微观尺度(英国雷克瑟姆镇住房更新和儿童哮喘)三个案例,采用探索性空间分析和空间计量建模方法对影响健康人居的多层次城市空间要素进行了实证研究,根据第四章健康人居环境的健康效应理论模型,选取相应的人居环境指标参数进行了探索性空间分析,在此基础上探讨了宏观、中观和微观下尺度健康人居的城市空间要素的识别和提取以及健康人居的城市空间复合效应机制。

结果表明,城市空间因素显著影响健康人居。对于中国目前的情况来说,宏观层面,大气质量(PM2.5)和工业排放能够显著提高居民呼吸健康风险,必须加以治理。除此之外,城镇化率越高,对居民健康越不利,绿化覆盖率高也说明了这一问题。需要重新评估城市政策,在城市发展和居民健康之间找到合适的平衡点,在大力发展大城市、中心城市的同时,也要注意优化城市人居环境,促进身体活动,兼顾城市发展和健康人居。城市公交对居民健康的影响偏于正面,即公交越发达,居民慢性病患病率越低。另外,收入情况和居民健康关系不大,人口密度、人居道路面积等指标也有类似发现。

从中观社区/邻里层面上来说,因为尺度更细腻,因此情况略有不同。从土地使用规划来说,研究证实了用地混合度较高有利于居民健康。在社区尺度上,居民收入能够显著影响高血压的患病率,可能原因是中国的高收入人群工作压力比较大,因而罹患慢性病风险较高。同时也在社区尺度上证实了宜步指数对于居民健康的重要性,宜步指数越高的地方,路网密度也较大,公交通达性也越高,居民能够利用城市道路进行步行、慢跑等身体活动,慢性病患病率较低。公共设施可达性高也能显著降低慢性病患病率,对居民健康有利,在这其中医疗卫生设施可达性的重要性略强于体育设施可达性。另外,社区尺度上,随着研究变得细腻,人口密度的影响由不显著变为显著,人口密度大,拥挤程度高,对居民健康是不利的;但绿地景观对于居民健康的有利影响未能得到证实,说明还需要进一步的研究。

从微观层面上来说，主要的健康促进途径是提高房屋质量，改善住房热舒适环境，增加房屋通风和照明，并且注意房间的清洁。

本章参考文献

［1］赫捷,陈万青,国家癌症中心.2017中国肿瘤登记年报［M］.北京：人民卫生出版社,2018.

［2］Loomis D, Huang W, Chen G. The International Agency for Research on Cancer（IARC）evaluation of the carcinogenicity of outdoor air pollution：focus on China［J］. Chinese Journal of Cancer, 2014, 33（4）: 189-196.

［3］Pope III C A. Lung cancer, cardiopulmonary mortality, and long-term exposure to fine particulate air pollution［J］. JAMA, 2002, 287（9）: 1132.

［4］曾路情,夏苏建,彭锐豪,等. 2006—2016年中国人群肺癌影响因素的Meta分析［J］.华南预防医学,2018,44（05）: 431-435.

［5］马冠生,孔灵芝,栾德春,等.中国居民吸烟行为的现状分析［J］.中国慢性病预防与控制,2005（05）: 195-199.

［6］董冲亚,康晓平.基于地理加权回归模型的我国女性肺癌发病空间影响因素分析［J］.环境与健康杂志,2014（09）: 769-772.

［7］Yang J, Sekhar S C, Cheong K W, et al. Performance evaluation of a novel personalized ventilation-personalized exhaust system for airborne infection control［J］. Indoor Air, 2015, 25（2）: 176-187.

［8］Li Y, Leung G M, Tang J W, et al. Role of ventilation in airborne transmission of infectious agents in the built environment – a multidisciplinary systematic review［J］. Indoor Air, 2007, 17（1）: 2-18.

［9］Brokamp C, Brandt E B, Ryan P H. Assessing exposure to outdoor air pollution for epidemiological studies：model-based and personal sampling strategies［J］. The Journa of Allergy and Clinical Immunology, 2019, 143（6）: 2002-2006.

［10］Zhang C, Guo Y M, Xiao X, et al. Association of breastfeeding and air pollution exposure with lung function in chinese children［J］. JAMA Network Open, 2019, 2（5）: e194186.

［11］Lancet. Air pollution：a major threat to lung health［J］. Lancet, 2019, 393（10183）: 1774.

［12］Clougherty J E, Kubzansky L D. A framework for examining social stress and susceptibility to air pollution in respiratory health［J］. Ciencia and Saude Coletiva, 2010, 15（4）: 2059-2074.

［13］Liu Z J, Li A G, Hu Z P, et al. Study on the potential relationships between indoor culturable fungi, particle load and children respiratory health in Xi'an, China［J］. Building and Environment, 2014, 80: 105-114.

［14］Chen Z H, Wu Y F, Wang P L, et al. Autophagy is essential for ultrafine particle-induced inflammation and mucus hyperproduction in airway epithelium［J］. Autophagy, 2016, 12（2）: 297-311.

［15］Dzhambov A M, Markevych I, Lercher P. Associations of residential greenness, traffic noise, and air pollution with birth outcomes across Alpine areas［J］. Science of the Total Environment, 2019, 678: 399-408.

［16］Babisch W. Road traffic noise and cardiovascular risk［J］. Noise and Health, 2008, 10（38）: 27-33.

［17］Laurent O, Benmarhnia T, Milesi C, et al. Relationships between greenness and low birth weight：Investigating the interaction and mediation effects of air pollution［J］. Environment Research, 2019, 175: 124-132.

［18］Crouse D L, Pinault L, Balram A, et al. Complex relationships between greenness, air pollution, and mortality in a population-based Canadian cohort［J］. Environment International, 2019, 128: 292-300.

［19］Fisk W J, Lei-Gomez Q, Mendell M J. Meta-analyses of the associations of respiratory health effects with dampness and mold in homes[J]. Indoor Air, 2007, 17(4): 284-296.

[20] Morello-Frosch R, Shenassa E D. The environmental "riskscape" and social inequality: implications for explaining maternal and child health disparities[J]. Environmental Health Perspectives, 2006, 114(8): 1150-1153.

[21] Mitchell R, Popham F. Greenspace, urbanity and health: relationships in England[J]. Journal of Epidemiology and Community Health, 2007, 61(8): 681-683.

[22] Maas J, Verheij R A, Spreeuwenberg P, et al. Physical activity as a possible mechanism behind the relationship between green space and health: a multilevel analysis[J]. BMC Public Health, 2008, 8(1): 206.

[23] 梁晓峰, 杨焱, Asma Samira, 等. 2013-2014中国部分城市成人烟草调查报告[M]. 北京: 军事医学科学出版社, 2015.

[24] 王兰, 廖舒文, 赵晓菁. 健康城市规划路径与要素辨析[J]. 国际城市规划, 2016, 31(4): 4-9.

[25] 孙斌栋, 阎宏, 张婷麟. 社区建成环境对健康的影响: 基于居民个体超重的实证研究[J]. 地理学报, 2016(10): 1721-1730.

[26] 于一凡, 胡玉婷. 社区建成环境健康影响的国际研究进展: 基于体力活动研究视角的文献综述和思考[J]. 建筑学报, 2017(2): 33-38.

[27] 李志明, 张艺. 城市规划与公共健康: 历史、理论与实践[J]. 规划师, 2015(06): 5-11.

[28] 陈艳艳, 魏攀一, 赖见辉, 等. 基于GIS的区域公交可达性计算方法[J]. 交通运输系统工程与信息, 2015, 15(02): 61-67.

[29] 李苗裔, 龙瀛. 中国主要城市公交站点服务范围及其空间特征评价[J]. 城市规划学刊, 2015(06): 30-37.

[30] Anselin L. Spatial econometrics: methods and models[M]. Berlin: Springer·Science + Business Media, 1988.

[31] Anselin L, Moreno R. Properties of tests for spatial error components[J]. Regional Science and Urban Economics, 2003, 33(5): 595-618.

[32] 吴玉鸣, 李建霞. 基于地理加权回归模型的省域工业全要素生产率分析[J]. 经济地理, 2006, 26(005): 748-752.

[33] Frank L D, Andresen M A, Schmid T L. Obesity relationships with community design, physical activity, and time spent in cars[J]. American Journal of Preventive Medicine, 2004, 27(2): 87-96.

[34] Li F Z, Harmer P A, Cardinal B J, et al. Built environment, adiposity, and physical activity in adults aged 50-75[J]. American Journal of Preventive Medicine, 2008, 35(1): 38-46.

[35] Cerin E, Leslie E, du Toit L, et al. Destinations that matter: associations with walking for transport[J]. Health & Place, 2007, 13(3): 713-724.

[36] Forsyth A, Hearst M, Oakes J M. Design and destinations: factors influencing walking and total physical activity[J]. Urban Studies, 2008, 45(9): 1973-1996.

[37] Ewing R, Cervero R. Travel and the built environment: a meta-analysis[J]. Journal of the American Planning Association, 2010, 76(3): 265-294.

[38] Woodfine L, Neal R D, Bruce N, et al. Enhancing ventilation in homes of children with asthma: pragmatic randomised controlled trial[J]. British journal of general practice, 2011, 61(592): e724-e732.

[39] Edwards R T, Neal R D, Linck P, et al. Enhancing ventilation in homes of children with asthma: cost-effectiveness study alongside randomised controlled trial[J]. British Journal of General Practice, 2011, 61(592): e733-e741.

第6章 健康人居的设计策略

城乡规划能够通过城市空间规划和管理促进健康人居,这一点毋庸置疑。第四章提出影响疾病发生和传播的环境分为远端环境和近端环境,其特征和变化影响着疾病的传播方式(见4.3.2节,图4-11)。城市规划在近、远端均存在一定干预的可能:近端考虑通过优化城市空间设计,降低污染暴露,促进身体活动;远端考虑城镇化、工业和大型项目选址带来的系统性健康风险。

健康人居环境的设计蕴含着多项策略,目的是通过空间规划致力于减少慢性非传染性疾病,提高生命机能和免疫力,引导健康积极的生活方式,让人们可以在城市中更便捷舒适地步行、骑行、跑步锻炼,强身健体,同时为人们走出户外进行面对面的交往提供更多的林地、公园、水域等自然要素,促进健康人居环境的改善(图6-1)。

(a)

(b)

图 6-1 维护健康的基石

(a)健康膳食;(b)适度运动

本章遵循循证研究的原则,借鉴和分析现有研究得出的科学研究"证据",辨析五类规划空间要素,包括城市规划(土地使用)、道路交通、公共设施、城市设计(空间形态以及绿地和开放空间)以及地块和建筑设计五个方面,在此基础上推导出健康人居导向的规划设计策略。

6.1　健康人居的实现路径

城乡规划对公共健康的影响主要体现在各规划要素对城市环境、人们的行为模式、心理状态等方面的影响。改善人居环境，合理有效且公正地创造健康有序的城市空间环境是城市规划的本质任务。

根据第3章提出的健康人居健康位理论模型，健康位是健康人居系统的基本单元，即包络在人体周围的影响健康的各种自然环境、城市空间、社会资源等人居环境因素集合（超体积空间）。城市空间的健康风险因素有病原暴露、污染损害、身心压力以及生活方式（改变），这些因素作用于个人和人群健康位，经过长时间的积累就会产生健康结果（第4.3节）。这个健康结果并非一蹴而就的短期过程（急性传染病除外），但也并非不可逆的过程，我们可以通过城乡规划的干预和调控，消除对健康有害的城市空间要素，改善对健康不利的城市空间要素，提供促进活力生活方式的城市空间，实现人居环境的根本改善和健康人居目标。从城乡规划入手干预、调控健康，相应地也可以归纳总结为三个路径（图6-2）：

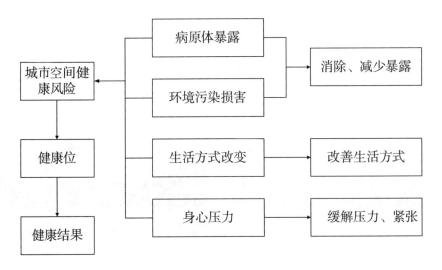

图 6-2　城乡规划实现健康人居的路径

资料来源：自绘

（1）消除和减少城市空间潜在的健康风险暴露；

（2）推动积极的交通、工作、生活和娱乐方式；

（3）缓解精神压力和紧张。

6.1.1　消除和减少健康风险

城市和建筑空间的健康风险和暴露因素从规划层面上来看,主要是大气、水体和土壤污染产生的毒素进入人体,日积月累导致生病,大气污染和有害气体是呼吸系统疾病产生的重要的直接原因之一。历史上曾出现过多次环境污染导致的严重公共卫生事件,例如1952年12月,伦敦上空被工厂和居民燃煤后排出的浓雾笼罩,导致交通瘫痪,因这场大烟雾而死的人多达 4 000 人。1956年日本水俣湾出现一种奇怪的病——水俣病,轻者表现为口齿不清、神经麻痹、步履蹒跚,重者表现为精神失常,身体弯曲,直至死亡。后来经调查发现是当地大量排放未经处理的含有汞的工业废水造成了这场环境公害(图6-3)。

图 6-3　历史上的公共卫生事件

左:1952 年伦敦大雾　右:1956 年日本的水俣病

资料来源:网络

从建筑层面上来看,健康风险主要是房屋年久失修、潮湿产生的病原微生物,例如霉菌、病毒等,以及中央空调系统产生的细菌(军团菌[①])、病毒等,室内环境中则主要是室内家居和建筑材料散发的甲醛、TVOC[②]等有害气体毒素,引发呼吸系统急性传染病和慢性中毒、过敏,该风险已经成为我国大城市最重要的健康问题之一。另一个室内外环境中都存在的健康暴露风险是噪声,噪声是导致心脑血管疾病的原因之一。城市中的噪声源包括但不限于道路交通噪声、铁路噪声、飞机噪声和工厂噪声,还包括酒吧、体育活动、现场音乐会等产生的噪声,都会给人们生活带来不便和困扰。

城市土地使用布局带来的二次扬尘,城市交通规划导致交通量过大等间接导致空气污

---

　　①　军团菌肺炎是由军团菌属细菌引起的临床综合征,因1976年美国费城召开退伍军人大会时爆发流行而得名。病原菌主要来自土壤和污水,由空气传播,自呼吸道侵入人体。隐藏在空调制冷装置中的致病菌,随冷风吹出浮游在空气中,人体吸入后会出现上呼吸道感染及发热的症状。

　　②　TVOC 为总挥发性有机物(Total Volatile Organic Compound),它是各种被测量的 VOC 的总称。TVOC是三种影响室内空气质量的污染源中影响较为严重的一种。

染的因素在一开始并没有引起足够的重视。伦敦、洛杉矶等发达国家的大城市在发展的过程中,都曾经发生过"雾霾""毒雾"等导致大规模患病的爆发性公共卫生事件,通过几十年的治理才得到了缓解。

潮湿、霉菌以及建筑材料和施工释放致病病原等问题在我国已经日益严重。但在这些问题中最严重且刻不容缓的是雾霾问题。由于与西方发达国家的发展阶段不同,近几十年来我国大部分城市依然以重工业为支柱产业,以发展经济为主要目标,再加上最近十几年小汽车大量进入家庭,有的家庭甚至不止一辆。汽车尾气、工业排放、建筑扬尘、垃圾焚烧都是雾霾产生的源头,雾霾虽然看起来相当无害,实际上包含了20多种对人体有害的细颗粒物和毒素,尤其是粒径在2.5微米以下的细颗粒,俗称PM2.5,能直接通过支气管到达肺部,危害极大,第五章的研究也证实PM2.5浓度对中国女性肺癌患病率的影响非常显著且为正向关系。

当务之急是采取措施降低和消除城市空间中的各类健康风险因素,例如改善城市水质,消除黑臭水体;推进污染场地治理修复,推进城乡垃圾分类处理工作;构建绿色城市交通体系,加强机动车排气污染控制;建立健全危险废物信息化管理体系,实现危险废物零排放等。

6.1.2　活力生活方式

城市空间能够在一定程度上改变人们的生活习惯和生活方式。据世卫组织统计,世界上60%～80%的人,无论发达国家还是发展中国家,都过着以机动车出行为主导致久坐少动以及暴饮暴食等不健康的现代城市生活方式。街道作为人们日常使用最多的场所,也是城市活动发生最多的场所,街道的宜步行性越高,越有利于减少人们的久坐行为,促进人们的身体活动。

Frumkin H.发现,城市蔓延直接或间接导致50%的美国人没有定期进行身体活动的习惯,其中超过四分之一的人缺乏休闲性的身体活动。[1]多项研究证明,社区的高密度环境、有较好连接度的街道、土地混合利用与高质量的交通基础设施使采用步行和骑行出行的人们可以用较短的时间更方便地到达目的地,因而促使更多的人步行和骑行,引导人们进行更多的身体活动。[2-4]美国学者Ewing,Cervero等发现,公共交通站点服务半径越密集,对于步行的促进作用越大。[5]澳大利亚学者Giles-Corti B等人发现,工作时长、身体活动和久坐时长、饮食脂肪含量等与肥胖指数BMI有直接的联系。[6]Weir Lori A等发现车流量较小和较大交通安全感的社区能够引导小学生采取步行、骑行等方式到达学校。[7]人口密度也能显著影响身体活动,当人口密度超过2 896人/平方千米(7 500人/平方英里)时,步行与骑行活动将明显增加[8];公共开放空间及康体设施的增加,也将极大地鼓励居民以步行为主的各种身体活动[9]。

结合绘制地理信息系统城市膳食地图(Urban Foodcape)近年来成为一个新的健康城市研究方向。杰姆斯·格拉汉姆应用GIS研究了华盛顿特区哥伦比亚社区1990—2008年十八

年间的超市、杂货店的膳食地图与城市宜步指数之间的关系,根据居民的步行时间搭建了
健康食品可达性的计算模型,绘制了社区的膳食地图,发现城市十多年的发展虽然出现了更
多的超市和杂货店,但交通流量的大幅增长抵消了超市和杂货店数量的增长,导致社区宜步
指数下降,反而降低了健康食品的可达性。[10]美国学者 Rundle 和 Neckerman 等人对纽约市
膳食地图的研究颇具有代表性(图 6-4)。研究表明,食物环境与邻里步行能力特征密切相关。
健康食品售卖点分布密度与身体质量指数 BMI 以及超重、肥胖的患病率负相关,不健康食
品售卖点的分布比健康食品售卖点要广泛和丰富得多,但是这些不健康食品售卖点密度与
体重指数差异没有显著的关联。[11]

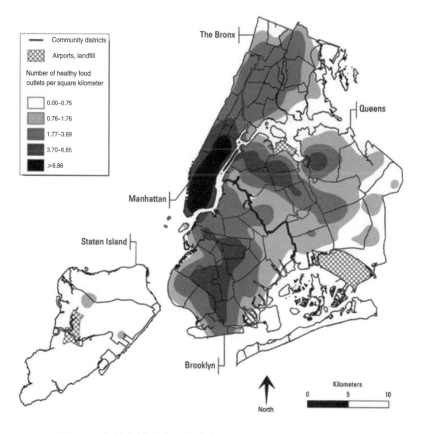

图 6-4 纽约市健康食品售卖点分布的核密度(KDE)指数

资料来源:Andrew Rundle,et al. Neighborhood food environment and walkability predict obesity in New York City

纽约市卫生局发布了一份《纽约市健康食品指南》(图 6-5),意图给市民提供一个准确
的健康食品售卖点(超级市场、农贸市场、果蔬零售店、绿色购物车)在全城的分布,通过公
益广告、健康食品证书、媒体宣传等方式鼓励健康食品消费,并发放健康食品优惠券以增加
市民获得健康食品的机会。

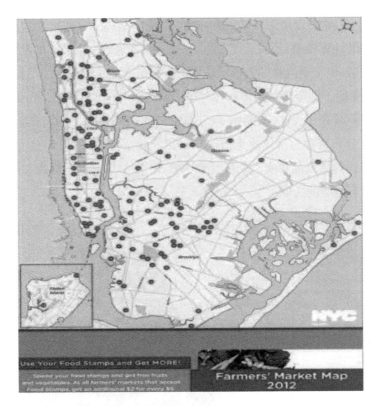

图 6-5　纽约市健康食品售卖点（农贸市场和绿色购物车）分布图

资料来源：NYC Department of health and mental hygiene，Food Retail Initiatives

6.1.3　缓解精神压力和紧张

远离自然的城市生活以及拥挤、逼仄的城市环境可以引发多方面的健康危机，包括多种心脑血管疾病、糖尿病、部分癌症以及操作事故。交通事故，快节奏、高压力、紧张的生活能够导致压力和精神疲劳，随之诱发多种健康和社会问题，例如情感障碍、社会适应不良甚至自杀、暴力犯罪等。处于优美的自然环境中，自然的山水景观、草木动物将会对人们的情感反应、生活方式产生积极的作用，使得个人身心得到放松，舒缓压力进而恢复健康。

景观生理学和心理学的诸多研究已经证实，恢复性环境能够纾解精神压力，体现在可以观察到的乐观情绪和焦躁程度的降低，也体现在可以测试的指标例如心率、皮肤收缩水平、皮质醇水平、血压的降低。总体而言，城市公园、绿地、开放空间等恢复性环境使得居民的压力舒缓、注意力恢复，进而促进居民健康，其机制可以概括为促进身体活动、缓解精神压力和疲劳、促进社会接触、综合生态效应四个方面。

1）促进身体活动

过往研究表明，绿色景观能鼓励人们进行身体活动。英格兰的一项研究表明，绿地与身体活动水平之间存在正相关关系，在控制了个人和环境因素之后，居住在有更多绿色植被的地方的居民，身体锻炼的几率增加了1.27%。[12]靠近公园和其他绿色开放空间能使锻炼者的锻炼时间更长[13]，也能提升人的认知能力，舒缓紧张和精神压力。研究发现在绿色景观中进行5分钟低强度的身体锻炼（如散步）即可提升乐观情绪和自尊感（分别提升60%和70%）。[14]

2）缓解精神压力和疲劳

研究发现许多类型的城市公园和绿色景观都可以缓解压力。例如具有30%林冠覆盖率的居住环境与光秃秃的居住环境相比，能使压力舒缓效应提升约3倍，同时也能缓解噪声给居民带来的精神压力和负面情绪[15-16]，有助于降低员工的精神压力[17-18]。对学龄儿童的研究也证实接触户外绿色景观对多项学业表现有显著的正向提升，和精神压力水平存在反向相关（图6-6）。[19-20]

图6-6　窗外的绿色景观能极大地缓解压力，消除疲劳

资料来源：小小空间事务所"灰白之家"室内设计

医院环境中的绿色景观对手术患者的康复作用最早得到证实：患者住院时间短，镇痛剂的使用量少，情绪也更为积极。[21-22]后续的研究也证实工作环境中的绿色景观，不管是窗外的景色，还是休憩的花园，都能帮助减少精神疲劳和恢复注意力。[23]

3）综合生态效应

城市绿地可以起到改善城市温室效应、减少高温危害的作用。一些针对北京的案例研究发现城市自然湿地的生态效应最为显著,湿地的生态系统越完整,距离城市中心越近,其降温效应越显著。[24-25]对于城市空气污染,城市绿地的作用很大,可以帮助降低呼吸道疾的病发病率。据研究,每公顷屋顶花园每年能够吸收空气污染物多达85.60 kg。[26]一棵成熟乔木每年可产生价值1.52～2.38美元的生态效益[27]以及大约21～159美元的生态价值[28]。

4)促进社会接触

经常接触绿色景观可帮助社区及居民发展社会交往,能预防生理疾病和心理疾病,也能帮助居民更快地从疾患中痊愈。绿色景观可吸引人们前往,从而使得人们变得相互熟悉。诸多研究均发现城市绿色景观与社会交往及社区归属感正相关。2013年新西兰的一项研究发现,绿地率高(33%～70%)的住区居民患心脑血管疾病的风险降低20%,患心理疾病的风险降低到81%。[12]一项研究发现,增加10%的树木覆盖率可以减少12%的犯罪率。公共空间和绿色景观对社会弱势群体,如贫困、残障人士以及老人和儿童,可起到尤为重要的作用。[29]

6.2　健康导向的城乡规划设计策略

从设计策略来看,城市规划学科主要通过土地的使用和管控、城市道路交通、绿地和开放空间、城市和建筑设计等规划要素对城市环境、人们的行为模式、心理状态等方面产生影响(表4-3),通过上节总结的三个路径实现促进健康的人居环境。

(1)消除和减少城市空间潜在的健康风险暴露;

(2)推动积极的交通、工作、生活和娱乐方式;

(3)缓解精神压力和紧张。

本节分别针对第4章第4.4节提出的影响健康的5个类别共13个可量度的规划要素(指标)进行针对性的规划和建筑设计策略探讨。基于循证设计理论,笔者尝试了一种全新的写法:首先就健康城市规划因素(指标)列举经本研究证实或经文献检索或经设计实践验证过的"证据",再针对这些规划因素探讨其设计策略。

6.2.1　健康导向的城市规划设计策略

1)城市空间布局

(1)证据

根据前文研究证实,大气污染物(特别是细颗粒物PM2.5)以及工业排放物的浓度升高会引发肺部功能衰减,工业排放值和大气污染细颗粒物值(PM2.5)与肺癌患病率有较强的正相关关系。同济大学王兰教授2018年的研究也证实居住地块周边空气质量较好的斑块密度与肺癌患病率显著负相关,说明工业用地总量一定的情况下,控制污染风险的工业用地比例越低,对呼吸健康越有利。[30]因此城市工业区的布局应特别慎重,需要尽量远离居民区,并布置在城市下风向。

(2)设计策略

① 合理的城市布局

合理的城市布局能充分利用自然通风,减轻城市空气污染。例如考虑城市的主导风向,工厂选址应位于城市的下风向,而且项目选址应远离居民区,应们于空气流通利于散发的地方。

城市取水点和水源地应该严格加以保护,并且位于河流、湖泊的上游,而城市的生活污水和雨水排放口则应该位于下游,以免污染水源。

此外,从尽量减少人们机动出行的概率、增加步行出行意愿和降低城市拥堵出发,商业区宜分散布局,不宜过分集中。

① 限制污染风险用地

从减少污染降低健康风险的角度来说,城市布局中不宜将存在污染可能的项目用地(工业用地、交通用地等)设置在人口密集的中心城区以降低人群的污染暴露程度,并在其周围设置绿地以改善大气质量。在居住区的用地审批中,虽然用地多元化有利于身体健康,但需要注意的是居民小区中设置餐饮、商业(打印、干洗店)设施带来的空气和水环境污染,以及娱乐设施带来的噪声污染等,把握好用地多元化的"度"。

另外,某些工业用地和交通用地存在一定的污染隐患,部分市政设施用地(如污水处理厂或垃圾转运站)、部分商业设施用地(如干洗店、照片洗印店等)、物流仓储用地(如危险品仓库、物流配送中心)以及项目用地临近城市快速路或主干道都存在一定的健康风险。具体到项目选址中,应在居住建筑、办公楼和污染风险区域设置生态敏感区或者防护区,以尽量减少危险物发生泄漏、污染的可能;城市快速路经过居民区要设置噪声和环保屏障。

2)土地混合利用

(1)证据

社区尺度关于建成环境因素与慢性病的研究中发现,虽然熵值法计算的用地混合度值未通过指标显著性检验,但其对社区慢性病患病率的影响方向是负向关联的,这一结果间接证实了西方学者Salis,Giles-Corti B等人研究的结论,即用地混合度越高,慢性病患病率越低。[31-32]

此外,其他研究显示,在德国、丹麦、荷兰等国家,肥胖率相对更低,这是由于自行车基础设施建设更加完善,人们更多地通过步行、自行车和公共交通出行(图6-7)。

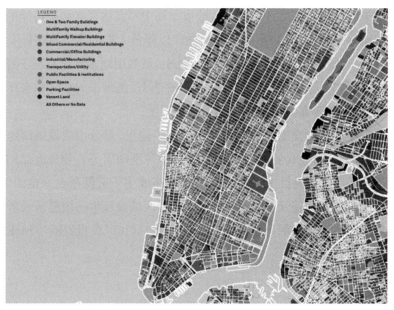

图 6-7 武汉 ×× 区和纽约曼哈顿岛土地利用类型图

资料来源:上图自绘;下图, Acitive Design Guidelines:Promoting physical activity and health in design

（2）设计策略

① 适当降低规划刚性，鼓励混合用地

我国大多数城市的总体规划对于建设用地控制偏于严格,缺乏弹性,应当在控规层面适当减弱规划管理的刚性,适当增加土地弹性,在城市设计层面给予更多的灵活性。例如以居住建筑为主的地块可以考虑混合适当的商业和娱乐休闲用地,在划定地块属性的时候,只规定本地块禁止使用的土地类型,凡未违背禁止适用类型的皆为允许,从而增加用地管理的灵活性,进一步推进土地的紧凑型开发,使区域功能更加完善和富有活力,进而促进公共健康。

② 工作、生活与绿地景观邻近

连通性较高的城市街道有利于混合用地的步行可达性,如休闲空间等。每一个社区在步行十分钟的距离内都有一个可供活动的休闲空间,例如公园、绿道、步行道和景观休闲区以促进身体活动。

③ 建设综合性公共服务设施

在有条件的地块,尽量提高土地使用率,集中建设综合性公共设施,例如集商业休闲、医疗保健、文化娱乐于一体的城市综合体。

3）开发强度、密度

（1）证据

根据前文中国女性肺癌患病率的研究,城镇化率和人口密度与中国女性肺癌患病率负相关,换句话说就是人口密度较低的乡村地区对于肺癌是一个保护因素。同时也发现土地开发强度（容积率）与肺癌患病率是正相关的,也就是说用地的开发强度过高不利于身体健康。这一点与西方学者的观点不同,西方研究学者认为,混合、紧凑的土地利用有利于提升身体活动频率和身心健康,这是基于西方城市地广人稀、土地利用率偏低的现状得出的结论。中国大部分城市则存在相反的情况,用地强度过高,说明用地区域内建筑密度大,高层建筑较多,生活较为方便,但建筑用地挤占了大量的土地,挤压了绿化和公共空间,人居环境拥挤不堪、质量较差,并且区域交通流量大,由此而产生的噪声和空气污染也很大。

关于社区建成环境与慢性病患患病率的研究结论与西方学者研究观点也是相反的。这说明关于用地强度与健康的研究中,中国城市的情况与现有西方学者的研究结论不尽一致,到底是因为国情不同导致的,还是因为其他原因导致的尚需要结合其他学者的研究做进一步的探讨。

（2）设计策略

① 用地适当紧凑

根据国外研究,紧凑的城市土地开发,配合以适度的多用途用地混合,使居民的日常生活和消费集中于一个相对较集中的范围之内,居民可以采取步行和骑行等慢行交通出行方式,降低机动出行的意愿。但过分紧凑的土地开发模式又会带来较高的用地强度,进而导致居住拥挤（拥挤被证实是健康的重要风险）,以及污染与噪声等其他问题,因此根据中国城市的实际情况,采取适度紧凑的土地开发模式应是目前阶段恰当的选择。

② 适当开发强度

基于我国人多地少的现实,土地的集约利用是必要的,但要有一个合适的范围。土地开发强度一般体现为容积率和层数,容积率或者建筑层数太高不利于居民健康,因此适度的开发强度是合理的。不过因为目前超高层建筑和高容积率居住区对健康影响的研究和实证还不够,容积率和层数的适宜范围还需要更进一步的研究。

③ 适宜居住密度

根据笔者2012年的一项研究,对我国大多数城市而言,考虑到容积率低于1.2的情况（开发强度过低）和高于3.0（开发强度过高）的情况均不常见,居民小区适当的居住人口毛密度值位于400～700人/hm^{2}之间的区域（表6-1）。[33]

表6-1 部分万科开发项目居住密度数据统计

项目名称	南京万科金色家园	沈阳万科金色家园	深圳万科四季花城	北京万科星园	武汉万科四季花城	成都万科城市花园	上海万科四季花城
占地(hm^2)	5.9	8.3	37.3	11.2	27.3	24.4	42.3
容积率	2.8	2.12	1.5	2.8	1.0	1.25	1.4
总户数（户）	1 035	992	4 700	2 122	1 900	2 372	4 364
人口毛密度（人/hm^2）	614.0	418.3	441.0	663.1	243.6	340.2	361.1

资料来源:根据《万科的主张:城市住区1988—2004》数据自绘

需要说明的是,适宜的居住密度和居住舒适度的关系受到诸多环境因素和现实情况的影响,即使是同样的居住密度在不同的居住区里可能会引起完全不同甚至相反的居住感受。再加上我国城市气候分区跨越较大,住区形态丰富,并且居住舒适度受人群心理和文化素质较大影响。因此,保证舒适度的前提下居住密度的适宜度问题需要进一步的求证和探讨。

6.2.2 健康导向的道路交通设计策略

1）公交可达性

（1）证据

关于中国女性肺癌患病率（第5.1节）的研究中发现,每万人公交车辆数指标虽然不显著,但对肺癌患病率的影响是负相关,即如果一个地区公交数量多、通达程度较高的话,选择公交出行的人就多,肺癌患病率越低。

另一项关于社区建成环境与慢性病患病率（第5.2节）的研究中发现,慢性病患病率与公交可达性存在负相关关联,结论与第5.1节一致,也就是说如果一个地区公交可达性越高,慢性病患病率越低。

（2）设计策略

① 限制私家汽车数量

新加坡、英国伦敦、瑞典斯德哥尔摩、美国纽约等城市先后采取征收"拥堵费"措施,韩国首尔征收"交通拥挤费"后,汽车通行量减少了9%,其中轿车减少了53%。

② 提升公交可达性

征收"拥堵费"并不是解决城市交通问题和空气污染问题唯一和最好的选择,在这方面香港做出了一个很好的范例。香港的公共交通比较方便,而且特别注重不同种类公共交通之间的接驳,特别方便。另外票价也很便宜,政府秉承的原则是确保市民能够用合理的费用,获得最大的出行便利,因此人们出行多选用公共交通。

③ 停车空间供给差别化

增加公共交通可达性,改良停车场设计。例如,公交站点附近设计停车场,办公和居住建筑的入口开向公交站点;停车场的选址,尽量考虑与已有的公共交通线路和站点的接驳和转运。

2）道路网络宜步行性

（1）证据

关于社区建成环境与慢性病患病率(第5.2节)的研究中发现,慢性病患病率与宜步指数存在负相关关联,即如果一个地区宜步指数越高,附近的商店、学校和公园的可达性越高,那么慢性病患病率就越低。

（2）设计策略

① 交通稳静化措施

交通稳静化措施的核心其实是让生活性街道由适应车行转变为适应和鼓励行人步行,核心是降低车速,以保持城市街道的人性尺度和人性化速度,并提升步行整体体验。措施主要有:

a. 采取措施减小马路宽度,例如道路在交叉口收缩(图6-8),减少行人过街距离,限制过境交通,在可能的情况下减少机动车道数。

b. 在街道上采取已经实践证明有效的交通稳静化设施,如路缘石拓宽、行人安全岛、抬高式减速设施等。

c. 人行道应有保证行人安全通行足够的宽度,还应考虑婴儿车、轮椅及行人携带行李的需求。

② 鼓励步行、骑行等慢行交通方式

步行道网络应尽量串联城市重要的公共开放空间节点或公共服务设施,提升步行出行的便捷性。在城市主干道和次干道建设自行车道网络,保证使用者通往目的地的便捷性。

中国城市普遍存在的共享单车,可以促进城市居民和旅游者更多地使用自行车,解决城市通勤者"最后一公里"的痛点,促进步行和骑行等慢行出行方式(图6-9)。

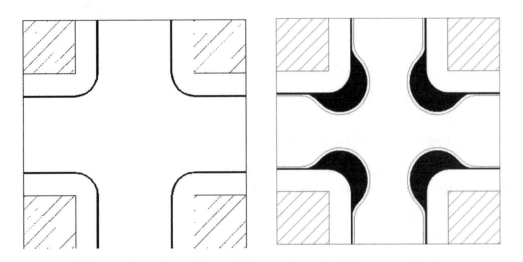

图 6-8　道路在交叉口收缩

资料来源：自绘

图 6-9　鼓励自行车出行

左：与人行道一起的骑行道（波哥大市）　　　右：遍布中国城市的"共享单车"

资料来源：左图网络　右图自摄

　　提供足够的室内外自行车停车场、信号设施等。在交通量不大的生活性道路上建议尝试布设自行车专用过街通道和信号，可以起到协调行人、自行车和机动车通行的作用。

3）"细粒度"步行网络

（1）证据

　　在关于社区建成环境与慢性病患病率（第 5.2 节）的研究中发现，慢性病患病率与路网密度存在负相关关联，即如果一个地区路网密度越高，那么道路的连通性越好，可达性越高，也就越能促进人们选择步行、骑行等出行方式。

（2）设计策略

① 缩小社区尺度

大规模的社区开发中,在居民的步行范围内配置全方位服务的食品和杂货店,设计人行道和街道进行连接,保持社区尺寸相对较小;小区内部尽量做到人车分流,道路宽度也不要太宽,仅供特殊情况通行即可。

② 提高街道连通性

在街区中部和交叉路口,设计增强的人行通道;人行道和街道连通性较差的地方,提供通过现有街区的人行道。尽量不要选择造成行人需要额外付出体力和改变路线的天桥和地下通道;为行人提供起讫点间最直接的路线;人流量较大的街道尽量避免路缘石设计,如果不可避免,也要尽量减小路缘石的高度。

③ 保持人行通道完整性

避免建设人行天桥与过街地道,以减少行人需要上下楼梯的情况。对已建成的人行天桥与过街地道,则需要安装自动扶梯等设备提升其可达性,改善照明条件并提升其安全感。

6.2.3　健康导向的公共设施设计策略

1）公共服务设施建设

（1）证据

健康服务设施(医疗设施、健身设施和娱乐休闲设施)是居民享受平等健康权利的重要保障,社区建成环境与慢性病患病率(第5.2节)的研究中,社区慢性病患病率与医疗设施成本和体育设施成本均呈现正向关联,而医疗和体育设施成本高也就意味着健康服务设施的分布和布局不够均衡,可达性不好。健康服务设施均衡分布才能使所有人享受到均等的健康服务。这也是健康城市规划一直以来孜孜以求的目标之一。

（2）设计策略

① 健康服务设施均衡化

健康服务设施包括各级各类医院、疗养院等医疗服务机构,养老院、护理院等老年护理机构,体育健身场馆和休闲娱乐实施等服务设施。首先,在城市新建区域,综合医院、体育馆等大型健康服务设施应优先配置和建设;鼓励社区内部对已有公共服务设施进行二次开发,配套建设医疗服务设施和体育服务设施,以及结合居民需求开发日间养老院等社区护理机构,尽可能提高其配置标准;鼓励开发和建设健身房、游泳馆、羽毛球馆等各类休闲健身服务设施,在政策导向和财政税收上予以支持。其次,在土地存量开发的背景下,鼓励通过对现有建筑进行改建或扩建以加强健康服务设施建设。此外,还需要配套提升居民的健康素养,加强慢性病预防、营养保健以及体育锻炼的宣传。

② 公共服务设施均衡化

公共设施配置的均衡和重新布局是城市规划的重要任务之一。医疗设施、养老设施和体育健身场馆的空间分布直接影响到居民生活质量及社会公平。灵活管理体育服务设施，通过免费或预约制度，将学校内部部分体育场馆向公众开放，有效提升居民身体活动的意愿。

2）绿地景观资源

（1）证据

虽然在城市和社区尺度的研究未能证实绿地率与健康的因果关系，但众多研究已经证实绿地、景观空间能够吸收大气污染物，同时也能够促进人们进行有利于健康的身体活动。2002年针对城市老年人的一项研究发现老年人口的寿命和其所居住社区可作为锻炼场所的绿色景观空间的数量存在显著正相关性。[34]

研究发现居住环境的绿色景观有利于提升居民的注意力和认知能力。[35]综合而言，目前掌握的科学证据可清楚地证明绿色景观有助于缓解精神压力，使人们从精神疲劳中恢复。

（2）设计策略

我国部分城市存在湖泊、山体、河流等城市开放空间被违法圈占，公共绿地被私人蚕食，天际线被高层建筑遮挡等情况，引起群众不满。城市中也存在绿地分布不够均衡，中心城区绿地、广场等用地偏少的情况。

① 切实维护城市绿地生态格局

加强区域绿地保护，严格保护城市中难得的湖泊、河流、森林(郊野)公园、自然保护区。绿色景观资源能够减少城市污染暴露、创建宜居环境、促进健康膳食和身体活动(体育锻炼)。其中减少城市污染暴露主要是减少城市工业和城市交通产生的污染物的排放，例如降尘降噪，减少雾霾中的有害、有毒物质。适当的规划设计可以防止污染物扩散至人群聚集的地方，减少人体对颗粒物的吸入等。

② 城市绿地建设均衡发展

推进城市绿地的均衡发展，配合既有规划、土地潜力的分析，在绿地缺乏的新区，通过防护绿地、公园绿地、立体绿化等空间规划手段，优先安排绿地建设；在建筑密集，寸土寸金的城市中心区，结合旧城改造、棚户区改造项目，通过拆迁建绿、拆违还绿、破硬增绿、增设花架花钵等形式，改造和提升城市绿地的范围和质量，推进城市绿地建设的均衡发展。

另外，城市绿地还可以成为城市居民参与创造绿色空间、发展都市农业的场所，例如充分利用城市中的废弃建筑、空地、阳台、屋顶等种植爬墙虎、本地花卉等都市型植物或经济作物，用以减少运输车辆产生的碳排放以及大气污染物，为本地居民提供优良的农副产品和健康食品，从而培养居民健康的饮食习惯，减少对快餐食品的依赖。此外，绿地、花园、湿地、绿道等城市绿色景观还可以通过可渗透地面(城市海绵体)降低地表径流，减少洪涝灾害风险，净化空气和水源，促进城市居民健康，可谓一举多得、利国利民。

③ 促进公园、绿地、广场等开放空间建设

作为大型开发项目的一部分,设计开放空间或在开放的公共空间附近设计建筑物,以促进身体活动。鼓励在现有的公共建筑和私人设施附近开发包括室内活动场所在内的新设施,适应各种年龄段的人群,以补充当地居民的文化喜好。

在公园等开放空间的设计中,要注意尽量创建各种天气都适用的环境,以保证不同季节和天气条件下的活动。例如,包括在冬天使用的阳光照射的防风区和在夏天使用的阴影区;提供小径、跑道、操场、运动场和饮水机等设施。在广场设计诸如树木、植被、照明、饮水设施、固定座椅和可移动的座椅等设施,在公园里设计篮球场和壁球场,提供饮水机以保证居民在身体活动的过程中可以补充水分。

6.2.4　健康导向的城市设计策略

1）概述

城市设计又称都市设计、市镇设计,至今其定义和范围均有一定争议。业界的共识是"城市设计是以城市的形体环境为研究形象,通过对城市环境三维的空间设计来贯彻城市规划思想,指导城市环境元素的进一步设计"。相对于城市规划,城市设计更为具体和图形化。但是,城市设计的设计范围可以大到城市,也可以小到一个区域,与景观设计或建筑设计在范围和深度上又有所区别。城市设计通过对街道、广场、地标建筑物等公共空间的设计和处理,创造丰富、多样、美观的城市环境和氛围,促进居民身心健康,并且与城市发展形成良性循环。

2）公共空间形态设计策略

（1）证据

上海体育学院的张莹在2010—2014年五年期间对上海市杨浦区、卢湾区和闵行区社区范围内的900名的中老年人受试者进行了长期的跟踪调查研究,发现仅38.9%的中老年人能够满足日行万步的身体活动量。[36]采用横截面研究方法,发现对中老年人步行量的影响要素中,土地混合使用率、人均绿地面积和步行数呈正相关;距公园和广场的距离、人均道路面积等和步行数呈负相关。[37]证明绿地和开放空间的合理布局能够提高可达性,鼓励人们使用这些空间进行身体活动。[38]

西方学者也证实,临近公园和其他娱乐场所与成年人较高的体育活动水平和较健康的体重状况相关。[39]

城市开放空间,或在开放的公共空间附近设计建筑物可以促进身体活动。附近有公园的人更有可能进行更高强度的体育锻炼。[40]

（2）设计策略

① 构建生态优良、安全可达、舒适便捷的开敞空间

公园、水体、绿地等自然景观可以满足人们亲近自然的愿望，从而提升人们进行锻炼、步行等身体活动的意愿。新开发的大型项目应该预留一定的开放空间用地，或者在人流密集的中心区域和道路交叉口设置公园和绿地。对于人口密集的老城区，适当改造建筑的布置，留出人行道和建筑退距，对街景层次的塑造和景观的丰富程度都有好处（图6-10）。

图 6-10 高质量的开敞空间能显著提高身体活动

资料来源：自摄

开敞空间与城市道路的界面宜采用绿篱、透空围墙等柔性渗透方式。在公园等开放空间的设计中，提供小径、跑道、操场、运动场和饮水机等设施。公园、开放空间和娱乐设施应注重满足当地居民的文化喜好，适应儿童、残疾人等各种人群的使用要求。

② 激活公共空间，促进人际交往

在公园、绿道和滨水休闲空间附近开发和设计新的办公室和商业空间，建议设计庭院、花园、露台和屋顶，作为工作之余的室外活动空间。创建有树木遮阴，便于市民休闲出行的有吸引力的广场空间。改造现有的公共娱乐设施，为客户和本地人群提供包括室内活动场所在内的健身设施。

3）街道设计

（1）证据

在第5.2节关于社区建成环境与慢性病患病率的研究中,路网密度、街道的宜步指数与社区居民的慢性病患病率呈负相关,并且通过了参数显著性测试($P<0.05$),说明网络连通、适宜步行的街道设计能够降低社区居民的慢性病患病率。

（2）设计策略

① 人性化的街道设计

街道网络连通、混合用地和较高密度开发(即适宜步行的社区)的城市规划和设计,可以鼓励人们的步行出行方式。在小尺度的街道空间设计中有适宜的街道、小巧的空间,建筑底层和建筑物的细部都可以看得清清楚楚,这些都会令人感到安全和亲切宜人。那些巨大的空间、空洞的广场、宽阔的街道和高楼林立的城市空间,使人觉得冷漠无情,缺乏安全感。小尺度的街道设计适宜步行并具有让人感到亲切和怡然自得的活力。

② 分类型城市道路改造策略

城市道路按不同功能可以分为交通性道路和生活性道路两类。城市道路等级可分为快速路、主干路、次干路和城市支路四个等级,快速路、主干路因为车流量大、车速快,且汽车尾气排放的污染较大,不适合作为步行和骑行道路。下面对除主干路之外的三种类型的城市道路设计策略做一个简单的探讨。

a. 交通性次干路设计策略

图 6-11　交通性次干路设计策略

资料来源：参考 Boston complete street guidelines 改绘

交通性次干路既要满足车行交通的要求,又需要关注道路的宜步行性。主要矛盾是道路通行能力不够,分隔不清,挤占人行道和非机动车道,因此需要增强道路通行能力,拓宽人行道,保证步行者、骑行者的平等路权(图6-11)。主要的解决措施是在街道断面中增设公交专用道,提高公共交通的通行能力;在骑行道与车行道之间设置绿化隔离带以保证骑行者安全;在骑行道和人行道之间增加行道树,增加绿化对街道断面各区域的隔离,保持人车分流。

街道活力和宜步性的提高需要结合道路交叉口的绿化,设置沿街节点空间,将局部人群活动密集区段充当景观功能的绿地改造为可供人驻足的公共空间,采用沿街建筑增加玻璃橱窗等手法来增强街道空间的通透性。同时结合现状人流的活动特点,在适宜区位增设街道服务设施,如公共自行车停放点、花坛、书报亭等,以提高街道人行空间的人性化水平。

b. 生活性次干路设计策略

以生活功能为主导的城市次干路行人多,活动较为丰富,是城市生活主要的场所和舞台,规划的主要目标是使其成为城市生活空间的一部分,主要矛盾是高品质、有吸引力的公共节点空间不够,无法提供足够的公共服务设施和休憩空间。主要的设计策略除了尽量拓展人行空间之外还要注意增设公共节点空间,即在道路交叉口、沿街建筑或者是地标建筑的周边,利用现有空地或者利用底层架空、异地重建等手法,将其改造为口袋公园、街角广场等游憩、休闲场所,促进交往行为的展开(图6-12)。

c. 城市支路设计策略

城市支路一般来讲分为两类:一类城市支路以创造舒适的步行空间为主要目的,可将其改造为步行与骑行专用空间,禁止机动车进入,以保证街道的安全性和生活性(图6-13);另一类需要保留机动车通行性的支路,其改造的目标是改善道路通行性、规范路边停车,以保护行人和非机动车路权,尤其要禁止停车侵入盲道,挤占书报亭等公共设施。另外城市支路还可以尝试拆除围墙,开放封闭住区,以提高地块的通行能力,同时增强支路活力。

③ 提升人行道空间体验

人行道是非常重要的健康基础设施,近年来在老城区道路改造中常将部分人行道空间腾位给机动车道,使人行道空间更加紧张,而且无障碍道路和盲道设施也常常被隔断和破坏。除此之外,机动车侵占人行道的现象随处可见,让人"无路可走"。究其原因,还是一部分城市决策者在沿用"以车为本"的习惯性思维,没有把群众放在心中,没有做到"以人为本"。

城市是为人建造的,提高城区人行道总体水平,完善无障碍设施建设,为市民创造良好的步行出行环境是必须的。增设人行道,降低行人与非机动车混行存在的安全隐患;对老旧破损的人行道进行改造修缮,保障行人出行安全;通过底层架空、开放院墙、透绿遮阴等设计手法,都可以大大提高人行道空间体验(图6-14)。

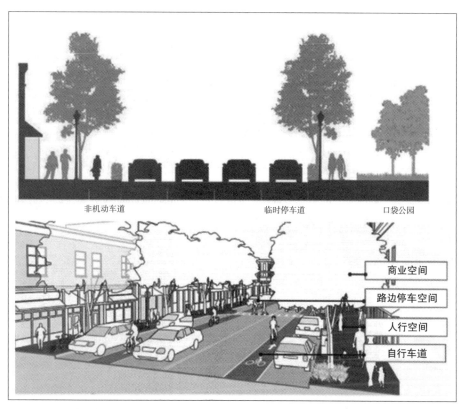

图 6-12　生活性次干路的设计策略

资料来源：上图参考 Boston complete street guidelines 改绘，下图自摄

行人、非机动车行道　　　　非机动车道　　　路边停车

开放住区
人行空间
非机动车步行混行空间

开放住区
人行空间
机动非机动车混行空间

图 6-13　城市支路的设计策略

资料来源：左图改绘自 Boston complete street guidelines，右图自摄

图 6-14　提升人行道空间体验

底层架空（上海延庆路 29 弄）和开放院墙、透绿遮阴（武汉岳飞街）提升人行道体验

资料来源：左图舒抒摄，右图自摄

6.2.5 健康导向的建筑设计策略

1）促进健康的建筑室外环境设计

（1）鼓励更多户外活动

沿建筑内部通道可布置有趣的景观，包括自然景观和设计景观、附近的建筑物、建筑内部可见的人的活动，以及视觉上吸引人的室内家具等等。沿建筑内部通道的光线可以形成更吸引人的感受和体验；沿步行路线设置休息室、饮水器、打水间和长椅等设施，为员工提供了身体活动过程中的间歇和服务设施（图6-15）。

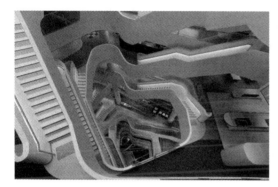

图6-15 澳大利亚健康保险公司中庭、休息处

资料来源：自摄

在建筑内部和周边提供步行路线的相关信息。将指示步行路线位置的信息牌设置在建筑内部、外部以及周边的便利设施附近，如商店、餐馆、食品店、服务点、娱乐设施、锻炼设施以及其他人群兴趣点附近。信息牌能帮助人们制定每天身体活动的目标，也可以鼓励人们将短时间的身体锻炼与日常工作结合起来。

（2）活化建筑室外环境设计

雨棚和遮阳棚能够鼓励步行，它们既可以遮阳，又可以挡雨，同时增加街道的视觉趣味性。建筑应提供多个出入口，以增加街道的吸引力，保持"邀请"步行者的人性化尺度。在低密度住宅社区，沿街走廊、门廊和阳台可以塑造社交型街道环境，增强安全感，并增加社区特色。

2）促进健康的建筑外观设计

（1）多样化的设计细节

尽管目前对建筑立面设计与身体活动之间关系的研究还十分有限，但实践经验表明，在建筑低层设计中融入某些人性化尺度的细节设计，例如多样化的立面材质和色彩、吸引人的雨棚和门廊、多入口、外部楼梯、露台等,都可起到引导步行的作用(图6-16)。

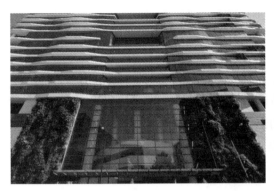

图 6-16 澳大利亚健康保险公司立面细部、入口花园

资料来源:自摄

（2）加入楼梯和坡道

对于居住建筑,外部楼梯和较短的景观坡道可提升街道活力,并为居民提供隐私感。坡道还为残障人士提供了参与活力生活的机会。对于商业建筑,由于需要保持沿街墙面的连续性,外部楼梯会使建筑外立面离步行道更远或需要减少步行道的宽度,这时采用内部楼梯和坡道更适宜。

例如英国凯恩舍姆市政厅的入口花园和坡道,通过层层叠叠的外部景观花园的步行道吸引了很多人来此小憩,也吸引了很多人在此进行身体活动,是一个成功的外部台阶设计(图6-17)。

图 6-17 英国凯恩舍姆市政厅入口花园和坡道

资料来源:AHR建筑事务所资料

3）促进健康的建筑功能设计

（1）避免病原感染

这次的新冠肺炎疫情改变了很多人的观念。玄关是内外空间过渡的重要场所，疫情期间人们外出归家，需要在玄关处完成换衣、换鞋、消杀等工序，因为气溶胶传播途径的存在，所以入户的消杀空间必不可少，某些户型玄关处甚至出现了前室正压送风。再就是很多的聚集性感染均发生在家庭成员之间，这也改变了很多人的社交方式，也使得家庭隔离空间成为必要。另外长时间的全居民隔离造成物资供应短缺，大容量的"囤菜空间"也成了住宅的刚需(图6-18)。

所以得出结论：

① 足够大的玄关空间能够存放外出的衣物、鞋子。

② 在玄关处设立消杀空间，回家后立即洗手。

③ 需要有较大的储物空间，存放长时间的生活必需品和蔬菜。

从建筑设计层面来说，自然通风可以很大程度上消除传染病原，自然的采光设计也使得建筑充满阳光，起到杀菌消毒作用，有利于心理健康。建筑室外空间除了常见的通风采光和去除潮湿的益处之外，也提供了身体活动的重要空间，亦可为促进身体活动提供契机。

囿于人多地少的国情，绝大多数国人居住于高层单元式集合住宅，健康是居住空间的首先条件，笔者对传统的高层住宅设计在后疫情时代的改善做了一点思考，图6-18为笔者设计的应对疫情的单元式高层住宅设计的户型图。可以看出，该户型有如下设计亮点：

① 电梯单独入户，前室有取快递空间，避免交叉感染。

② 前室正压送风，切断气溶胶感染途径。

③ 主卧室、起居室南向面宽大，阳光充足，穿堂风组织良好。

④ 入户前有消杀空间，能够洗手和消毒。

⑤ 主卧室可作为隔离空间，次卧室也方便单独隔离。

⑥ 超大南向阳台，可实现多晒太阳和杀菌，特殊时期也可以将全部或部分空间临时改变为储藏室。

（2）可靠的排水系统

香港大学李玉国教授团队的研究证实了SARS病毒可以通过气溶胶传播，钟南山院士也提到要注意排水系统中可能存在的安全隐患。为防止病毒通过下水道和地漏排放的污染空气传播，必须确保排水系统的安全运行，简单说就是要随时检查水封的深度，避免长时间不用干涸，切断传播途径。建议在有条件的地区逐步推广住宅同层排水系统。

（3）安全的空调新风系统

要保证良好的空气品质，新风系统是必不可少的，有条件的话，最好使用全热交换新风系统来保持室内良好的空气环境。空调通风管路上增设杀菌型的高效空气过滤系统，有条件的话在室内也要设置空气净化器。另外保持空调管路的洁净，定期的消毒杀菌也是必须

图 6-18　应对疫情的高层单元式住宅建筑设计

资料来源：自绘

的。

（4）活力建筑设计

将活力设计的理念融入建筑内部的设计与布局中，也能极大地改善职场人士的身体状况，因为他们是缺乏身体活动的生活方式的受害者。特别设计具有视觉和美学吸引力的楼梯和电梯，能够满足人们不同程度的活动需求。通过各种设计手法引导人们使用楼梯，包括将楼梯置于建筑的入口处，重视楼梯本身的通风、采光和布置等。

另一方面，在建筑内部随处布置一些共享和交流空间，鼓励人们在工作之余进行交流，有益身心健康；布置和设计小型的健身房等活动空间，也能促使人们在工作之余进行适当的身体活动；最后，优美宜人的建筑场地和外环境，会吸引人们走出室外，在优美的环境中与大自然进行对话。

（5）鼓励使用楼梯

为人们提供比电梯更为享受的楼梯使用体验，增强楼梯感官吸引力，例如突出有吸引力的景观，如眺望自然景观，或观看室内的聚会场所等。还可以将艺术作品融入楼梯环境中或在楼梯上播放音乐。选择明快、宜人的配色，以吸引人们使用楼梯（图6-19）。

图 6-19　荷兰 Neptun 公司中庭休息处

资料来源：自摄

设计明亮安全的楼梯，减少在楼梯上摔跤的风险，提高楼梯安全性。例如将自然光线融入楼梯环境之中，设计防滑的地板表面，在台阶边缘的金属护沿处设计对比色彩或对比纹理，从而确保安全。

（6）鼓励建筑内部的步行活动

在工作环境中，合理布局卫生间、餐厅或咖啡厅、复印室、收发室、共用设备区、工作人员休息室和会议室等功能区，能让员工从个人工作空间舒适地步行抵达这些地方。将上述公共功能部分组合在一起，能让员工们每天至少进行一次到两次例行的步行休息活动。

在大型的、多功能的开发项目中，为租户提供可以容纳报摊、邮局，且能购买健康食品的地方，以及人们在一天中会到访的具有各类其他功能的空间；在混合使用的建筑内，将常用功能布置在大厅区域，以促进人们每天步行去吃午餐，以及进行下班或放学后的活动；在居住建筑中，将社区、休闲空间、收发室和管理办公室等功能布置在不同楼层，或是距住户及建筑出入口舒适的步行距离范围内，以鼓励日常短距离的步行和爬楼梯。

例如将建筑的主大厅功能布置在二层，或将公共功能，如收发室、接待室布置在二层，通过一个突出的主楼梯或坡道连接，同时让电梯相对不太明显，鼓励人们在建筑单元之间进行步行或其他形式的活力出行。这一策略还可以为其他功能提供更多底层面积，并在第二层提供更多的服务和活动空间（图6-20）。

图 6-20　鼓励建筑内部的步行活动

左：孝感宇济大酒店中庭　右：澳大利亚阿德莱德银行二楼中庭

资料来源：自摄

（7）提供支持身体活动和锻炼的建筑内部设施

在公共建筑、办公建筑和居住建筑内提供锻炼身体的空间，例如健身房、活动游戏空间以及多功能休闲空间等。这一策略非常重要，特别是对服务大众的公共建筑而论，建筑内的这些人去私人健身房和参加锻炼活动的机会非常有限，他们患肥胖和糖尿病的概率也偏高。研究表明，在能看见大自然和人的活动的空间内进行锻炼时，锻炼会更有吸引力。

淋浴和更衣间可以鼓励人们从家骑自行车或跑步上班，以及在休息时间进行其他锻炼（图6-21）。作为锻炼场地的一部分，也可布置在一楼与卫生间相邻。安全、易达的自行车停车场地为骑自行车上下班的人群提供了便利。提供自行车停车场地还可减少自行车对建筑的损坏，因为有些人担心自行车被偷，会将车推到工作和居住的区域，可能碰坏建筑。自行车停车场地最好位于建筑物首层以方便人们使用。

图 6-21 公司内部小型健身房和淋浴间

资料来源：作者自摄

建筑设计师应考虑儿童和老人对活动空间的特殊安全需求。为了满足孩子们活动时父母的活动需求，可以让孩子和大人们在同一时间进行活动。例如，在游戏区周边布置一圈步行道，或将玩游戏区布置在成年人锻炼区域的旁边，让父母可以一边锻炼一边看着他们的孩子进行游戏活动。

6.3 本章小结

本章首先分析了健康人居与城市空间之间的互相依存、互相影响的互动关系，归纳了四类由城市空间引发的健康人居风险——环境污染健康损害、病原暴露、生活方式的改变和身心压力，探索总结了健康人居的三大空间影响机制——城市空间产生病原、城市空间导致压力、城市空间改变生活方式，总结了涵盖城市、社区、建筑（宏观、中观、微观）三个层面的健康人居城市空间要素，并从城乡规划角度出发指出了消除污染、舒缓压力、促进身体活动健康人居的实现路径。

本章为理论的应用篇，开宗明义提出了健康城市的设计原则、设计目标以及城市规划实现健康人居的三条路径，在此基础上，遵循循证设计原则，在梳理本研究得出的关于健康人居的城市空间因素以及其他相关研究的科学证据的基础上，从城市规划、道路交通、公共设施、城市设计以及地块和建筑设计五个方面归纳总结了健康导向的城市空间的健康人居策略。

根据循证设计寻证—制证—用证—验证的闭环逻辑链，本章尝试采用一种非常规的写作手法，先罗列关于健康导向的城市规划、城市交通、公共设施、城市设计以及地块和建筑设计的证据，根据本研究以及目前文献能收集到的研究依据和证据，再根据笔者多年的规划从业经验针对这些设计证据推导设计策略，涉及 13 项规划因素和 34 项设计策略（表 6-2）。

很难说这是一份完整的考虑到方方面面的规划设计策略,挂一漏万是肯定的,而且部分策略与分类尚存在一定的重叠,但它是笔者目前对于健康城市规划方法如何体现在城市设计、城市管理中的思考的阶段性成果,不足部分有待今后的修订和补充。

表 6-2 健康人居设计策略

健康人居因素	规划要素	规划设计策略	实现路径
城市规划	城市空间布局	合理城市布局	1
		限制污染风险用地	1
	土地混合利用	降低规划刚性,鼓励混合用地	1、3
		工作、生活与绿地景观邻近	1、2、3
		建设综合性服务设施	3
		用地适当紧凑	2、3
	开发强度	适当开发强度	2、3
		适宜居住密度	2、3
道路交通	公交优先	限制私家车	1、3
		提升公交交通可达性	1、3
		停车空间供给差别化	1、3
	道路网络的宜步行性	交通稳静化措施	3
		鼓励步行、骑行等慢行交通方式	2、3
		缩小社区尺度	3
	"细粒度"步行网络	提高街道连通性	3
		保持人行通道完整性	3
公共设施	公共服务设施建设	健康服务设施均衡化	3
		公共服务设施均衡化	3
	绿地景观资源	切实维护城市绿地生态格局	3
		城市绿地建设均衡发展	3
		促进公园、绿地、广场等开放空间建设	1、2、3
城市设计	公共空间	构建生态优良、安全可达、舒适便捷的开敞空间	2、3
		激活公共空间、促进人际交往	2、3
	街道设计	人性化的街道设计	2、3
		分类型城市道路改造策略	2、3
	室外环境	提升人行道空间体验	3
		鼓励更多户外活动	3
		活化建筑低层细部设计	3
地块和建筑设计	建筑外观	多样化的建筑外观设计细节	3
		加入楼梯和坡道	3
	建筑功能	避免病原感染	1
		可靠的排水系统	1
		安全的空调新风系统	1
		活力建筑设计	2、3

注:"实现路径"栏中的序号代表规划实现路径:1.消除和减少健康风险暴露;2.缓解压力和紧张;3.积极生活方式

资料来源:自绘

本章参考文献

［1］Frumkin H, Frank L, Jackson R. Urban sprawl and public health: designing, planning, building for healthy communities［M］. Montague, MI: Island Press, 2004.

［2］Handy S L, Boarnet M G, Ewing R, et al. How the built environment affects physical activity: Views from urban planning［J］. American Journal of Preventive Medicine, 2002, 23(2): 64-73.

［3］Frank L D, Sallis J F, Conway T L, et al. Many pathways from land use to health［J］. Journal of the American Planning Association. 2006, 72(1): 75-87.

［4］Papas M A, Alberg A J, Ewing R, et al. The built environment and obesity［J］. Epidemiologic Reviews, 2007, 29(1): 129-143.

［5］Ewing R, Cervero R. Travel and the built environment: A meta-analysis［J］. Journal of the American Planning Association, 2010, 76(3): 265-294.

［6］Christian H, Giles-Corti B, Knuiman M, et al. The influence of the built environment, social environment and health behaviors on body mass index. Results from RESIDE［J］. Preventive Medicine, 2011, 53(1-2): 57-60.

［7］Weir L A, Etelson D, Brand D A. Parents' perceptions of neighborhood safety and children's physical activity［J］. Preventive Medicine, 2006, 43(3): 212-217.

［8］Saelens B E, Sallis J F, Frank L D. Environmental correlates of walking and cycling: Findings from the transportation, urban design, and planning literatures［J］. Annals of Behavioral Medicine, 2003, 25(2): 80-91.

［9］Carroll S J, Paquet C, Howard N J, et al. Local descriptive norms for overweight/obesity and physical inactivity, features of the built environment, and 10-year change in glycosylated haemoglobin in an Australian population-based biomedical cohort［J］. Social Science & Medicine, 2016, 166: 233-243.

［10］Graham J K. outside the buffer: using gis to better our understanding of grocery store assessibility［C］. Las Vegas: American Planning Association National Conference, 2008.

［11］Rundle A. Neckerman K M, Lance F, et al. Neighborhood food environment and walkability predict obesity in New York City［J］. Environmental Health Perspectives, 2009, 117(3): 442-447.

［12］Richardson E A, Pearce J, Mitchell R, et al. Role of physical activity in the relationship between urban green space and health［J］. Public Health, 2013, 127(4): 318-324.

［13］Jo B, Jules P. What is the best dose of nature and green exercise for improving mental health? A multi-study analysis［J］. Environmental Science & Technology, 2010, 44(10): 3947-3955.

［14］Jiang B, Chang C Y, Sullivan W C. A dose of nature: Tree cover, stress reduction, and gender differences［J］. Landscape & Urban Planning, 2014, 132: 26-36.

［15］Gidlöf-Gunnarsson A, Öhrström E. Noise and well-being in urban residential environments: The potential role of perceived availability to nearby green areas［J］. Landscape & Urban Planning, 2007, 83(2): 115-126.

［16］Miyakawa M, Matsui T, Kishikawa H, et al. Salivary chromogranin A as a measure of stress response to noise［J］. Noise & Health, 2006, 8(32): 108-113.

［17］Boerjan M, Bluyssen S J M, Bleichrodt R P, et al. Work-related health complaints in surgical residents and the influence of social support and job-related autonomy［J］. Medical Education, 2010, 44(8): 835-844.

［18］Kim J, de Dear R. Workspace satisfaction: The privacy-communication trade-off in open-plan offices[J]. Journal of Environmental Psychology,2013,36:18-26.

[19] Felder-Puig R,Griebler R,Samdal O,et al. Does the school performance variable used in the international health behavior in school-aged children(HBSC)study reflect students' school grades? [J]. Journal of School Health,2012,82(9):404-409.

[20] Salois M J. The built environment and obesity among low-income preschool children[J]. Health & Place,2012,18(3):520.

[21] Aries M B C,Veitch J A,Newsham G R. Windows,view,and office characteristics predict physical and psychological discomfort[J]. Journal of Environmental Psychology,2010,30(4):533-541.

[22] Ulrich R S. View through a window may influence recovery from surgery[J]. Science, 1984, 224(4647):420-421.

[23] Clements-Croome D J. Work performance, productivity and indoor air[J]. Scandinavian Journal of Work Environment & Health,2008:69-78.

[24] Li F,Liu H,Huisingh D,et al. Shifting to healthier cities with improved urban ecological infrastructure:From the perspectives of planning, implementation, governance and engineering[J]. Journal of Cleaner Production,2017,163:S1-S11.

[25] Sun R,Chen A,Chen L,et al. Cooling effects of wetlands in an urban region:The case of Beijing[J]. Ecological Indicators,2012,20(9):57-64.

[26] Yang J,Qian Y,Peng G. Quantifying air pollution removal by green roofs in Chicago[J]. Atmospheric Environment,2008,42(31):7266-7273.

[27] Mcpherson E G,Simpson J R,Xiao Q,et al. Million trees Los Angeles canopy cover and benefit assessment[J]. Landscape & Urban Planning,2011,99(1):40-50.

[28] Mullaney J,Lucke T,Trueman S J. A review of benefits and challenges in growing street trees in paved urban environments[J]. Landscape & Urban Planning,2015,134:157-166.

[29] Troy A,Morgan Grove J, O Neil-Dunne J. The relationship between tree canopy and crime rates across an urban–rural gradient in the greater Baltimore region[J]. Landscape and Urban Planning, 2012,106(3):262-270.

[30] 王兰,蒋希冀,孙文尧,等. 城市建成环境对呼吸健康的影响及规划策略：以上海市某城区为例[J]. 城市规划,2018,42(06):15-22.

[31] Sallis J F,Glanz K. Physical activity and food environments:solutions to the obesity epidemic[J]. Milbank Quarterly,2009,87(1):123-154.

[32] Giles-Corti B. Urban design, transport, and health city planning and population health:a global challenge[J]. The Lancet, 2016(388):2912-2924.

[33] 谢宏杰,陈铭. 走向可持续发展的紧凑住区[J]. 新建筑,2010(03):20-24.

[34] Takano T,Nakamura K,Watanabe M. Urban residential environments and senior citizens' longevity in megacity areas:The importance of walkable green spaces[J]. J Epidemiol Community Health,2002,56(12):913-918.

[35] van den Berg,Maas J,Verheij R A,Groenewegen P P. Green space as a buffer between stressful life events and health[J]. Social Science & Medicine,2010,70(8):1203-1210.

[36] 张莹,刘东宁,陈亮,等. 上海市步行相关环境影响因素排序分析：环境污染与大众健康学术会议,武汉,2010[C].

［37］张莹，王桂华. 上海市中老年人步行现状及影响因素分析［J］. 中国公共卫生，2013，29（06）：846-849.

［38］张莹，翁锡全. 建成环境、体力活动与健康关系研究的过去、现在和将来［J］. 体育与科学，2014（1）：30-34.

［39］Gordon-Larsen P，Nelson M C，Page P，et al. Inequality in the built environment underlies key health disparities in physical activity and obesity［J］. Pediatrics，2006，117（2）：417-424.

［40］Giles-Corti B，Broomhall M H，Knuiman M，et al. Increasing walking：How important is distance to，attractiveness，and size of public open space？［J］. American Journal of Preventive Medicine，2005，28（2，Suppl 2）：169-176.

第7章 结论与展望

7.1 结 论

城市空间因素对健康人居环境具有非常重要的影响,但长久以来由于人居环境与健康之间的联系比较微弱并受到其他多种协同因素(自然、社会环境因素)的复合效应影响,学术界对城市空间建成环境因素通过什么样的机制影响健康是含糊不清的。本研究在对现代城市生活条件下的城市空间健康影响因素及其广尺度、多层次、多维度的时空复合效应,进行系统而全面的理论探讨的基础上,提出"城市健康位"和"健康人居"概念,建立基于"健康位"的健康人居系统理论架构,通过理论研究与计量分析相结合的分析方法,对健康人居的城市空间影响因素及其机制进行了考察。

具体而言,本研究得到了如下基本结论。

1)人居环境与健康之间是一种广尺度、多层次、多维度并且长时间作用的互相依赖、互相影响的多重复合效应的时空演化关系,单一因素或者单维度影响机制皆无法准确描述。和生命体一样,健康人居必须借助系统的观念才能反映这种复杂并且互相包络、互相渗透的复合的相互关系。借鉴生态学的"生态位"概念,本研究提出了给定时空关系下个体健康的"健康位"的概念(图3-2),个体的健康位通过人类生态系统的自组织和涌现形成群体健康位,再往上形成城市和区域的健康位(图3-3、图3-4),进而构成全球生态系统的健康位。

在此基础上,本研究进一步提出了"健康人居"的概念,即决定城镇居民身心健康和社会福利的自然、城市空间和社会因素(第3.3节)。将健康人居系统扩展到人居环境全球生态系统的语境下,成为涵盖自然、社会和城市空间三大要素,涵盖生理、心理、社会三个维度以及个人、人群、城市、国家和全球五个尺度的以人为中心的开放的巨系统(图3-6、图3-9)。也因之,城市空间与健康人居的联系得以建立,城市空间因素引发健康结果的因果关系得以清晰地界定,健康人居研究这才避免成为无根之木、无源之水。

2)针对城市空间的健康人居影响机制,本研究通过分析、综合相关文献提出了自己的思路,认为城市空间对健康人居的影响存在三大机制:城市空间产生病原、城市空间导致压力、城市空间改变生活方式。

其中城市空间产生病原的致病机制已经过深度研究并已经在实践中取得重大胜利,即传染性疾病已经被人类所控制,不再成为健康人居的重大威胁。

城市空间产生压力和城市空间改变生活方式两大机制则是造成当代国际社会普遍关注的慢性非传染性疾病NCD的主要原因。下面分而述之。

城市空间改变生活方式这一致病机制是近十多年公共健康和城市规划、建筑设计、地理信息等跨学科的研究热点之一,相关研究成果尤其在最近几年发表较多。笔者认为城市空间改变生活方式也是偏于形态和空间规划的城市规划学科切入健康议题的最佳着力点。城市空间改变生活方式这种健康影响机制可以归结为两个主要因素:缺乏身体活动和不健康的膳食。

城市空间导致压力的致病机制是笔者经过深入思考后提出的。现代社会竞争激烈,现代人超负荷的工作方式和压抑、拥挤的城市空间造成机体慢性炎症已经被医学研究所证实,然而不良城市空间产生的压抑甚至是恐怖情绪会对心理健康产生不利影响,日积月累引发一系列的慢性疾病和心理疾病。但是这个致病机制尚未成为业内学者关注和重视的"关键点"。笔者认为,城市空间导致压力的致病机制将会成为下一阶段健康人居领域的关注热点和研究重点。

然后,本研究从宏观(城市/城市群)、中观(社区/邻里)、微观(建筑/家居)3个层级列出了健康人居的多层次影响因子(变量)(表4-3)共计13个。

3)本研究按照预先设定的研究框架,探究了全国尺度的中国女性肺癌患病率与城市空间影响因素以及社区尺度的××区社区慢性病(高血压)患病率与社区建成环境影响因素之间的关系。发现中国城市环境下呼吸系统慢性病和心脑血管慢性病均存在明显的空间聚集现象,且城市空间和建成环境因素对慢性病患病率具有显著的影响,城市空间因素与健康人居的关联和影响在本研究的案例实证研究中得到确认。

在宏观的城市尺度上,发现空气污染指标(工业排放值、PM2.5浓度)、土地开发强度指标、人口密度指标、城镇化率指标与慢性呼吸系统疾病(本研究中以肺癌为代表)患病率显著相关,且空气污染指数、开发强度与呼吸系统疾病患病率正相关,人口密度、城镇化率与呼吸系统疾病患病率负相关。绿化覆盖率指标与日常认知和已有部分研究结论矛盾,有待进一步确认其因果关系。在中观的社区尺度上,发现社区尺度的慢性病(本研究中以高血压为代表)患病率分布存在着十分明显的空间聚集现象,经空间自相关Moran's I指数分析、Generral G指数分析、聚类和异常值分析后验证了该结论。在利用普通的OLS多元回归建模和空间计量方法进行回归分析以后发现,人均收入指标(社区平均房价替代)、路网密度指标、步行指标(宜步性指数)、体育和医疗设施可达性指标(成本距离指数倒数)与慢性心脑血管疾病(本研究中以高血压为代表)患病率显著相关,且人均收入指标与慢性心脑血管疾病患病率正相关(与西方研究结论相反),与路网密度、宜步性指数以及体育和医疗设施可达性负相关。另外,熵值法用地混合度指标、公交指数(不显著)对慢性病患病率影响为负,人口密度、用地强度、绿地率(不显著)对慢性病患病率影响为正相关。

社区尺度的实证研究证实了路网连通性越好、公交可达性越高、用地混合度越高,越有利于步行等身体活动并有利于健康的假设,同时也再次确认了人口密度(拥挤)和用地强度过高不利于健康的假设,但收入情况、绿地率对慢性病患病率的影响未能得到证实。

对于这一现象出现的原因,笔者认为以中国为代表的中低收入国家城市密度上本来就相当高,城市空间往往也更紧凑,且大多有着单一的城市中心(就业、文化活动主要位于城市中心),采取低值采暖(燃煤或木材)方式和非正规交通方式造成的空气污染和交通意外伤害对健康都是很大的影响因素。中国的城市面貌、社会环境与高收入国家、地广人稀的城市面貌是截然不同的,因此得出与西方研究者不一样的结论很正常。至于可能的原因笔者已在第5.2.5节中做了分析,此处不再赘述。

为提高模型的稳健性和解释度,笔者对两个尺度的案例研究都分别采用了多重建模方法进行验证。关于肺癌患病率与城市空间影响因素的研究(第5.2节),为了排除年龄、吸烟、酗酒等非城市空间因素,特意采取了肺癌患病率世界人口标化率数据,摒除了男性患病率数据,并采用探索性回归方法(ESDA)穷举符合设定条件的多元回归模型,以使结论更加稳健。关于社区慢性病(高血压)患病率与建成环境影响因素的研究(第5.3节),为排除年龄因素影响,也摒除了年龄超过70岁的患病率数据,并且在采用探索性回归方法(ESDA)建模试算成功之后,还采取空间误差模型和空间滞后模型等空间计量方法进行验证。无论是否采用空间计量方法,上述结论均未有大的改变,因此其具有相当程度的稳健性。

4)在前述研究的基础上,本研究提出了城市规划实现健康人居的三条路径:第一,减少和消除城市空间潜在的致病风险要素;第二,通过环境设计缓解压力和紧张;第三,推动积极的交通、工作、生活和娱乐方式。

具体的措施上,遵循循证设计的原则。本研究借鉴和分析现有研究(包括本书的研究)得出的科学研究证据,提出了五类城市空间因素的健康人居策略,包括城市规划、道路交通、公共设施、空间形态以及地块和建筑设计等五个方面,涵盖13个城市规划要素共计34项健康人居设计策略(详见表6-2)。

7.2 研究创新

第一,提出了健康人居的健康位模型。"健康"和"城市"是一对内涵和外延非常广泛,牵涉面极为复杂的概念,本研究提出了涵盖空间、时间、社会三个维度,微观、中观、宏观三个层面以及个人、人群、社区、城市等多个层次的"健康位"概念;借鉴系统论、人居环境科学思想提出"健康人居"的系统概念,是对"健康"概念深度和广度上的延伸和拓展;总结、梳理后提出"人居环境"与健康之间的广尺度、多层次、多维度、复效应的时空演化模型,解决了长期以来难以对城市空间与健康人居的关系做出有效概括的问题。

第二,总结梳理后提出了健康人居的城市空间影响机制。从理论分析到案例实证分析探讨了健康人居的 5 个层级 13 个城市规划因素(表 4-3),在此基础上探索并证实了健康人居的 3 大城市空间影响机制:城市空间产生病原、城市空间导致压力、城市空间改变生活方式,为健康人居环境的优化和塑造提供了基于实证的材料。提出了城市规划实现健康人居的路径:消除健康人居风险因素、缓解压力和紧张、积极的生活方式。

第三,通过对城市尺度和社区尺度两个案例的实证分析,验证了健康人居的城市空间影响效应,并提出了相应的城市规划策略。通过 2014 年全国女性肺癌患病率和武汉市社区慢性病患病率与城市空间影响因素的数理建模,分析了宏观尺度(全国尺度)、中观尺度(社区尺度)和微观尺度(建筑尺度)的英国雷克瑟姆 CHARISMA 建筑更新项目的建成环境影响健康的效应机制,在此基础上从城市规划角度提出了包括城市规划、道路交通、公共设施、城市设计以及地块和建筑设计等五个方面,涵盖 13 个城市规划要素共计 34 项健康导向的具体的健康人居设计策略,有利于从规划管理和政策角度防范健康人居风险(表 6-2)。

另外,本研究建立了健康人居的学科交叉研究的基础方法。城市空间和健康人居(慢性病)研究传统上分属城市规划与医疗卫生两个不同的学科,本研究尝试将这两个不同的研究领域进行整合,可能会在新的跨学科领域引发更深层次的学术实践和参与讨论;另外为研究不同空间尺度下的健康人居效应,本研究采用开源的百度、谷歌地图提取土地利用、绿地覆盖率和街道、建筑等数据层,综合应用地理信息系统 GIS 以及多层次建模、最小二乘法 OLS 回归方程、空间计量 Geoda 软件、地理加权回归 GWR、SPSS 统计等方法来捕捉多变量、多层次的空间和时间上的随机效应,为这项研究增加了方法上的新颖性。

本书提出的健康人居研究将生态学、生命科学、公共健康、环境学、材料学、心理学等学科引入建筑环境研究中,不仅对建筑设计、城乡规划等学科具有方法学的意义,而且其中的学科交叉合作有助于开拓新的研究领域,以便更有效地解决相关应用问题。

7.3　研究展望

7.3.1　研究局限

本研究也存在一些局限性。尽管本研究对健康人居的城市空间因素及其背后的致病机制进行了全方位、多角度的考察与分析,但本研究仍然存在着众多不足。部分原因是笔者在构建整体分析框架时考虑不够周全,部分原因是在实证分析时遇到了相当严重的数据获取困难,下面逐一进行讨论。

首先,笔者在构建分析框架时,基本逻辑是先对基本概念和城市规划与公共健康的关系做一个基本的梳理,提出支撑本研究的基本概念——"健康位",建立健康人居与城市空间的因果联系框架,提出假设,然后通过案例实证研究的方法对健康人居的城市空间影响机制展开讨论。尽管对两者之间的关系进行了一定程度的讨论,但浅尝辄止,分析并不深入。分析结果只是确认了城市空间因素对健康人居的影响以及哪些因素有比较大的影响,哪些因素暂时还未发现具有确定性的影响。对健康人居的机制研究中,虽然发现了一些微弱的因果关联现象,并且尝试做了一定的解读,但建立的统计计量和空间计量模型按照通常的有效性标准可能都偏低,有些甚至无法通过变量显著性测试。分析其中的缘由,一方面是受笔者学识水平和专业限制,另外一方面是因为健康人居的研究还是一个相当年轻的领域,而且城市空间与健康人居之间存在着大量的非线性复合关系,普通的线性建模方式无法更好地模拟,需要在研究方法上加以改进。在今后的研究中,希望能够更为深入地进行研究,真正做到分析框架与逻辑体系的一致性,充分体现其规范性和整体性。

其次,本书在第5章的实证研究中面临一个相当重要的问题,就是数据获得性的问题。实际上为了避免健康人居研究常常被人所诟病的"自选择偏倚"弊端,一个可行的解决方法即是采用大样本的数据,但因为健康数据涉及医学伦理,笔者所在的理工科大学缺乏医学部,获得该类数据的可能性非常低,也很难从公开资料中获取。因此研究在实证部分还存在相当多的缺陷,在研究中表现为两方面问题:一是样本获取不足[①],尤其是社区尺度的案例,难以避免"自选择偏倚";二是因为研究范围,很难考虑相邻区域的影响,而这却是采用空间分析方法的理论基础,即托布勒地理学第一定律强调的分析环境。笔者猜想这也是空间计量模型效果并没有比普通最小二乘法回归效果优化很多的原因之一。

再次,就是方法论上的缺陷,这是基于健康人居与城市空间因素之间复杂的相互关系的洞察,即使现有的大数据和数学建模技术相比以往已经有了巨大的提升,但健康人居研究仍然是一个相当大的挑战。这主要受到公共卫生和健康人居领域固有的系统复杂性的制约。基于线性建模和多元回归的分析技术对于"健康人居"这一复杂巨系统来说,也许并不是最好的办法。

此外,健康人居研究不可避免涉及大量的流行病学研究,而流行病学研究强调对照研究,意思是将样本分为对照组(健康人群)和本体组(已患病),然后调查它们过去是否暴露于某种特定的危险因素以及暴露程度的大小,借以判断某类暴露因素是否与患病直接关联或

---

① 研究开始的设想是做湖北省肥胖率BMI研究,但因为湖北省全省BMI数据仅能获取1/3,因此作罢。社区尺度的慢性病患病率研究也是设想做武汉市全市范围,因为同样的原因也只能做到某中心城区。

者关联的强度如何。但本研究的"健康人居"主要涉及的慢性病研究需要长时间的跟踪、对照、随访,而且也涉及医学伦理问题,笔者限于资格、时间、经费的问题很难实现。

最后,正如健康人居的健康位理论模型所强调的那样,包括生理、遗传、社会、行为、建筑和自然环境在内的广尺度、多层次、多维度、复效应因素,可能会随着时间的推移动态地相互作用,从而产生个人和群体的健康模式。从空间计量研究方法来看,最适宜的数据也是面板数据[①](长时间的时序数据)。由于数据获取能力不足,本研究也仅能考察武汉市××区的一个横截面数据。后续希望能在这些方面改进本研究,获得更加有解释力度的结论。

7.3.2　研究展望

特定的环境因素与健康人居结果之间的关联可能因年龄、性别、社会人口统计和生活方式因素而异。但在大数据出现以后,可以通过大规模无差别的大量数据获取来尽量降低自选择偏倚带来的影响。

大多数的现有研究是横截面研究[②],较长时期的跟踪调查的纵向研究[③]很少,主要是因为缺乏关于健康结果和建成环境属性的前瞻性研究[④]数据。因此,关于持续暴露于建成环境风险因素对健康人居的影响问题,仍然有待于数据的积累和长期的跟踪研究,才能消除横截面数据带来的不确定性。

健康人居研究的难点之一是广尺度、多层次、多维度、复效应的健康人居时空演化模型的构建,本书已经做了一定的尝试,初步建立了以"健康位"为核心的人居系统理论研究框架。第二大难点是第 1 章谈过的由于研究伦理的限制,以人为对象的受控的实验很难进行,特别是考虑到捕捉微弱(但重要)关联所需的大量实验,特定城市空间要素和健康效应之间建立因果关系显得相当困难。因此,未来的研究方向是通过大型的纵向时序研究得到更加广泛的对健康人居研究更为适合的面板数据,进而得出更强有力的因果结论。

另外,研究工具的发展日新月异,基于统计回归先进技术,如多层次建模和离散回归,改

---

①　面板数据(Panel Data)是指在时间序列上取多个截面,在这些截面上同时选取样本观测值所构成的样本数据。或者说它是一个 $m \times n$ 的数据矩阵,记载的是 n 个时间节点上,m 个对象的某一数据指标。

②　横截面研究(Cross-sectional Study),也叫横断研究。一般指在某一时刻上,对一事物或社会现象所进行的"横截面式"的研究。最典型的横向研究是人口普查,它是在同一时点上对人口状况进行的横截面研究。一般性的横向研究只是规定在一个比较短的时间(如一周、一月)内进行。

③　纵向研究(Longitudinal Study),是观察研究对象在一个比较长的时间段内的变化,须具备以下特点:a.每个变量的数据须采集两次或两次以上;b.各次调查的对象应是相同的,或者至少是可比较的;c.数据分析涉及对多次调查的数据进行纵向比较。对于纵向研究的时间跨度和相邻两次调查的时间间隔,目前没有定论。

④　前瞻性研究(Prospective Study),是以现在为起点追踪到将来的研究方法。例如临床心理学实验中,对一批 A 型行为类型者使用自我行为管理策略指导,并追踪此后整个行为干预策略实施过程中 A 型行为改变的情况,从而证明这种治疗技术的实际效果。但由于前瞻性研究条件限制过多,使用比较困难,使用并不普遍。

进了早期的回归方法(线性、连续、单级等),并且可以识别空间和时间域中上下文因素的多层次差异。

新兴的空间建模和网络分析技术为这类研究增加了更高的有效性和可靠性,大多数研究中关联的强度、方向和意义的有效性可能会进一步增强。换句话说,除了在流行病学模型中纳入服务密度和实际可及性的衡量标准之外,关于实际服务利用的调查数据、客观评估的身体活动(包括通过加速度测量家庭内活动、交通和休闲活动)和饮食行为(新鲜食物和快餐的消费以及热值)都有可能提高研究方法的严谨性。

混合技术是将定量和定性方法结合在一起,例如基于代理的自适应复杂系统模型,结构方程模型和贝叶斯网络模型等非回归技术。可以使用分析和概率技术来解开关联和因果关系。

越来越多的人认识到,城市空间是影响人们身心健康的重要决定因素。研究证据表明绿地的存在与更好的健康状态和更低的死亡率直接相关。在由纽约市长 Bill de Blasio 撰写的附录文章中,阐述了《一个纽约——规划一个强大而公正的城市》规划中提出的更加系统性、易达、包容的绿地和开放空间规划。纽约在让城市更有益于市民安康的实践中一直走在前列。例如,将时代广场从繁忙的交通节点转变为以人为中心的公共空间就很受步行者青睐,这一新公共空间为人们提供桌椅,可让人坐下来欣赏街景以及艺术装置。

依据科技史学者的研究,人类科学研究的滥觞称为"实验范式"(第一范式),主要以记录和描述自然现象为特征。受到实验条件的限制,科学家们开始尝试通过演算进行归纳总结,这就是"理论范式"(第二范式)。理论范式在实践中也很成功,但随着现代科学分工越来越细,实验的难度和需要的经费也越来越多,理论研究逐渐不能胜任。1950年代,参与"曼哈顿计划"的美国数学家冯·诺依曼提出了"模拟范式"(第三范式),即通过计算机仿真技术来取代实验,此后计算机模拟方法成为科研的常规方法。吉姆·格雷认为,现代社会面临数据和信息的爆炸式增长,科研遇到的问题不再是缺乏实验,而是从众多的数据和信息中去芜存菁,挖掘、分析、总结,从而得到理论,计算机不再是分析的工具,而是如何成为分析本身。这一范式理应并且已经从第三范式中分离出来,成为一个独特的科学研究范式,即"第四范式"。数据量的剧增势必引发人们思维和行为模式的巨大变革,而在科学研究领域,科研模式也随之发生了极大的改变。数据库之父吉姆·格雷提出继实验科学、理论科学、计算仿真之后的第四种研究范式[①]——"数据密集型科学"(Data-intensive Scientific Discov-

---

① 范式(Paradigm)理论由美国科学哲学家库恩(Thomas Kuhn)于1962年提出,指的是某一科学研究群体所公认的世界观、研究伦理和生活方式,包括学科赖以存在的理论基础、实践规范以及研究手段和方法。范式不但决定了问题是什么,也决定了问题解决的方向。科学范式限定了某一学科的具体范围,但也正是因为研究范围的划定,科学研究才可能细致和深入。

ery)[1]，即"数据驱动型研究范式"①。

《大数据时代》的作者维克托·迈尔·舍恩伯格明确指出，现代科学研究最大的转变，就是不再执念于对因果关系的渴求，而是关注相关关系。[2]第四范式与第三范式最显著的区别就是模拟范式先提出假设，再搜集数据，通过计算机模拟仿真进行验证；但数据挖掘范式则认为不存在先验理论，而是从大量的数据信息中发掘可能的联系，再通过人为分析找出之前未知的理论。

城市与健康议题越来越需要城市规划学者、建筑学专家、流行病学专家和政府决策者之间更密切的合作，以设计和提供有效的公共健康干预措施。例如，城乡规划、景观、邻里、街道和建筑的设计、管理需要共同参与和面对越来越严重的健康问题，并以可靠的研究证据为依据。鉴于人们越来越关注健康，城市空间的健康效应和促进健康的作用必须纳入当代流行病学和卫生经济学框架。

未来研究者可以针对研究对象进行精准的时空分析，一直以来难以解决的随机测量误差引起的回归稀释②问题就可以迎刃而解，进而提高研究的准确性。近年来，随着信息通信技术与物联网技术的发展，借助可穿戴加速度传感器和GPS这样的LAT技术，研究人员可以相对客观地测量时空维度上居民个人日常生活中的身体活动水平。现实环境中这些数据的采集越来越便捷，也就促进了健康人居研究的准实验法和实验设计等纵向研究[3]，从而提高了研究设计的严谨性。

健康人居的研究必须采用多学科协作的方法。从我国、欧洲及世界范围来说，不管是现在还是将来，一个健康、舒适的人居环境对于人们生活质量的保证是非常重要的。规划设计师和建筑师作为城市建设领域的龙头，需要比以往更丰富的多学科知识背景和更强的协调、整合能力。这个新角色需要高校内和高校外强强合作、理论和实践同时进行的多学科的教育计划与组织，例如清华大学和世卫组织联合成立的中国健康城市委员会就是这样一个很好的联系理论与实践的机构(图7-1)。随着全社会对健康人居环境越来越关注，健康人居的城市空间要素以及健康的空间影响机制有望得以进一步揭示。

①　2007年1月11日，图灵奖得主吉姆·格雷(James Gray)在国际计算机和无线通信研究者大会(National Research Council-Computer Science and Telecommunications Board)上，发表了题为"科学方法的革命"的演讲，提出将科学研究分为四类范式，依次为实验归纳、模型推演、仿真模拟和数据密集型科学发现(Data-Intensive Scientific Discovery)。其中，最后的数据密集型科学发现，也就是现在我们所称的"科学大数据"。

②　在线性回归中，当自变量x有误差时，对因变量y做最小二乘拟合所得斜率的绝对值会系统性地偏小，这一现象被称作"回归稀释"。

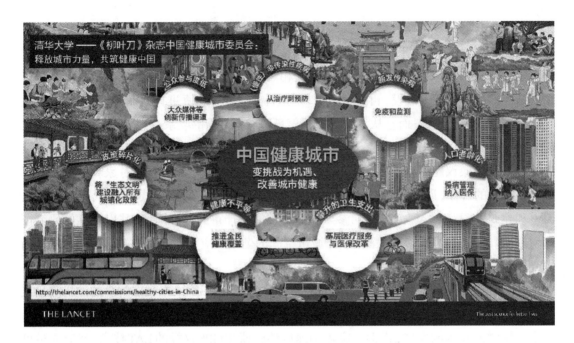

图7-1　中国健康城市委员会：释放城市力量、共筑健康中国

资料来源：清华大学官方网站

本章参考文献

[1]郎杨琴,孔丽华.科学研究的第四范式 吉姆·格雷的报告"e-Science：一种科研模式的变革"简介[J].科研信息化技术与应用,2010(2)：94-96.

[2]维克托·迈尔·舍恩伯格,库克耶·肯尼思.大数据时代：生活、工作与思维的大变革[M].盛杨燕,周涛,译.杭州：浙江人民出版社,2013.

[3]龙瀛,刘伦伦.新数据环境下定量城市研究的四个变革[J].国际城市规划,2017,32(01)：64-73.

后 记

2020年的春天，世界被一场突如其来的新冠肺炎疫情打乱。我曾经无数次地设想过论文（本书脱胎于此）完成时的情景，哪怕在遥远的英格兰雷丁镇的乡村，也无时无刻不在与论文艰难周旋。中间经历了父亲生病直到去世的过程，却怎么也没有想到不到半年，武汉整个城市遭遇了那么多的生离死别……幸好城市和我们都挺过了这个难熬的冬天，家人与我足足在家禁足70多天，心情远比想象中来得复杂，脑海里开始翻腾。回望过去的点点滴滴，心中唯有感激。

特别感谢我的导师王乾坤教授，每日深夜校园里都能看到您的办公室里仍然映照着不灭的灯光。作为导师，您勤勉工作的同时还对我的学业关爱有加，抽时间对我的论文进行了多次指导，您让我看到优秀的导师和学者是什么样子，也感受到一位好导师能带给学生怎样的成长。

感谢武汉理工大学设计研究院任志刚教授、武汉理工大学彭华涛教授、王军武教授、陈伟教授，感谢武汉大学建筑系刘炜教授、武汉理工大学王晓教授、李传成教授、徐涛老师对我的论文提出的宝贵建议，感谢研究生毛雨薇协助整理论文和资料。

感谢武汉理工大学王小平老师，武汉市规划局田燕总工，武汉市规划研究院信息中心潘琛玲规划师，武汉市疾病预防与控制中心杨义平主任医师，湖北省疾病与预防控制中心陈红缨主任、张岚主任医师提供的支持。

最后，我的博士论文能顺利出版发行，还要感谢东南大学出版社刘庆楚编审的辛勤工作，以及国家重点研发计划（2017YFC0703702）和武汉市城建局科研计划基金（201933）的支持。

时光荏苒，倏忽八年，鬓生华发。感谢妻子多年来无怨无悔的陪伴和鼓励，让我在低谷时从未放弃；感谢母亲在生活上给予我们的照顾！

最后，谨以此书献给我亲爱的父亲，表达儿子最深切的怀念！

二零二零庚子年三月于南湖

附录 A

中国女性肺癌患病率（2014）空间因素数据图表

省份	女发病世标率	女死亡世标率	PM2.5	绿化覆盖率	城市化率	万人公交数	人均道路面积	开发强度	人口密度	人均收入	工业排放值
黑龙江	192.54	138.53	38.50	35.50	59.20	9.17	15.96	4.20	2 405.90	22 609	423 283
新疆	12.00	12.78	52.22	40.00	48.35	16.92	13.84	5.27	2 304.30	22 160	81 581
山西	91.11	73.11	55.13	40.60	56.21	8.47	11.25	6.85	3 580.10	24 069	953 606
宁夏	32.15	22.64	45.40	40.40	56.29	9.74	18.93	6.36	2 097.80	24 385	191 175
西藏	1.11	0.336	23.94	34.80	29.56	16.29	18.36	0.27	2 548.80	22 026	5 438
山东	596.17	423.95	65.32	42.10	59.02	9.14	18.13	18.01	3 496.90	29 222	1024 471
河南	425.08	291.53	79.30	39.40	48.50	8.52	9.37	16.04	3 790.90	24 391	665 109
江苏	290.37	239.79	55.80	43.00	67.70	8.37	16.76	21.77	3 490.00	34 346	720 481
安徽	328.62	231.97	54.41	42.20	52.00	6.81	13.31	14.88	3 157.80	24 839	584 581
湖北	213.05	146.96	64.44	38.40	58.00	8.82	13.28	19.95	3 415.70	24 852	311 529
浙江	217.9	128.61	46.88	40.40	67.00	12.24	14.16	14.69	4 419.80	40 393	355 977
江西	326.19	208.87	41.90	45.20	53.10	6.64	13.03	7.73	3 560.60	24 309	415 777
湖南	74.23	56.29	51.28	41.20	52.75	10.93	12.57	8.05	4 151.10	26 570	380 302
云南	62.54	41.15	26.95	38.90	45.03	11.07	15.91	3.53	4 351.00	24 299	184 792
贵州	74.83	45	30.73	37.00	44.15	6.85	7.46	4.81	5 224.90	22 548	175 826
福建	52.08	35.36	27.87	43.70	63.60	11.87	12.23	8.85	4 928.00	30 722	347 501
广西	201.01	122.91	39.13	39.10	48.08	5.09	9.39	5.19	3 921.50	24 669	374 880
广东	210.63	125.8	32.88	43.50	69.20	16.00	13.34	11.34	5 398.10	32 148	373 306
海南	14.73	9.26 333	18.46	40.10	56.78	10.04	8.57	15.32	2 749.80	24 487	2 206
吉林	130.16	87.65	53.39	35.80	55.97	9.63	16.31	6.16	2 424.80	23 218	331 567
辽宁	439.11	352.9	53.83	40.70	67.37	10.17	12.57	11.97	2 719.30	29 082	955 738
天津	30.11	25.48	69.96	36.80	82.93	13.41	15.78	34.77	3 769.70	31 506	112 129
青海	64.99	49.22	41.62	32.60	51.63	15.98	8.02	0.90	2 722.50	22 307	131 439
甘肃	44.36	35.87	39.92	33.30	44.69	6.41	7.82	2.19	2 837.60	20 804	248 533
陕西	63.58	41.23	50.98	39.90	55.34	8.53	10.30	4.61	3 999.50	24 366	451 468
内蒙古	206.49	143.14	39.86	40.20	61.20	9.83	21.95	2.04	1 685.20	28 350	554 612
重庆	30.34	18.49	53.88	40.30	62.60	4.45	7.47	8.20	4 511.60	25 133	214 774
河北	593.83	400.22	76.29	41.80	55.32	12.83	14.34	11.77	3 367.00	24 220	1440 208
上海	26.62	11.02	53.36	39.10	87.60	11.78	7.70	36.89	7 838.30	47 710	131 433
北京	23.81	16.84	78.55	48.40	86.50	18.76	7.93	21.93	6 040.00	43 910	22 710
四川	233.28	171.56	45.75	40.00	49.21	7.49	8.22	8.53	4 575.80	24 381	317 194

资料来源：自绘